SEMI PERMA-NENT MAKE UP

구라희의 반영구 화장 백서

구민사

머리말

안녕하세요! 반영구화장 아티스트 24년 경력의 현역 전문가 구라희입니다. 이 책을 읽어 주시는 여러분께 깊은 감사의 인사를 드립니다.

이 책에는 제가 지난 24년간의 반영구 화장에 대한 경험과 노하우를 최대한 많이 담아내려고 노력하였습니다. 책을 집필하고도 코로나로 인해 지난 3년간 출간하지 못했지만, 구민사의 도움으로 다시 출간할 수 있게 되었습니다. 그러나 최근 급변한 트렌드에 맞춰 책의 일부를 수정해야 했고, 많은 마음고생 끝에 책을 마무리하였습니다.

24년간의 시행착오와 경험을 통해 얻은 지식을 바탕으로, 반영구 화장에 대한 모든 것을 담으려고 노력했습니다. 이 과정에서 저는 순서에 얽매이지 않고 친구와의 대화처럼 자유롭게 이야기를 전달하고자 했습니다. 그래서 이 책은 전통적인 교재나 가이드북과는 조금 다를 수 있습니다.

제 이야기는 때로는 체계적이지 않을 수 있지만, 이 책의 내용은 제 진심과 실제 경험에서 나온 솔직한 이야기로 구성되었습니다. 이를 통해 여러분과 편안한 대화를 나누는 시간을 가지길 바라며, 이 책이 여러분의 미용 여정에 조금이나마 도움이 되기를 진심으로 바랍니다.

반영구 화장은 단순한 미용 기법이 아닌, 자신만의 아름다움을 찾아가는 희망이자 힘입니다. 저 또한 이 일을 하며 벅차오르는 감동과 기쁨, 때로는 실패와 뼈저리게 아픈 절망도 경험했습니다. 그러나 이 모든 소중한 경험들이 초석을 다지는 기반이 되어 반영구 화장인으로 살아가는 원천적인 힘이자 원동력이 되었습니다. 그 경험을 통해 저는 계속해서 성장하고 있는 것을 깨달았습니다. 이 책을 통해 여러분께서 미용에 대한 새로운 인사이트를 얻을 수 있기를 바라며, 반영구 화장을 사랑하는 분들에게는 소중한 길잡이가 되기를 희망합니다.

설레는 마음과 뜨거운 열정으로 이 길을 걸어가는 멋진 아티스트님들께, 저는 응원과 격려의 말씀을 전하고 싶습니다. 여러분들의 아름다움을 찾아가는 여정이 행복하고 감동적인 순간들로 가득 차길 진심으로 바라며, 이 책이 여러분의 미용 여정에서 더욱 감동과 영감을 안겨주는 소중한 동반자가 되길 진심으로 희망합니다.

이 책의 출판을 위해 적극적으로 도움주신 도서출판 구민사 조규백 대표님과 직원 여러분께 깊은 감사를 드립니다.

차례

CHAPTER 4 반영구 시술의 응용과 심화

CHAPTER 5 Q&A

CHAPTER 1

색채학 & 색소학

“하늘 아래 같은 OO색은 없다!”라는 말을 우스갯소리 반, 진심 반으로 자주 하곤 했었다. 그만큼 색상의 미묘한 차이가 이미지와 분위기에 얼마나 큰 영향을 미치는지 잘 알고 있었기 때문이다.

한 번은 남편에게 “밝은 검정 원피스와 덜 밝은 어두운 검정 원피스 중 어느 걸 입을까?”라고 물어본 적이 있었다. 그때 남편은 당황한 표정을 지으며 이해할 수 없다는 듯 바라봤었다. 남자들에게 검정은 그저 검정일 뿐일 테지만, 나에게는 검정도 여러 종류가 있었다.

그래서 “검정에도 어두운 검정과 밝은 검정이 있다”고 설명했더니, 남편은 깜짝 놀라며 “검정은 모두 어두운 것 아닌가요? 밝은 검정도 있나요?”라고 반문했었다. 그때, 내가 느낀 이 작은 차이가 얼마나 중요한지 다시 한번 깨달았던 기억이 난다.

1 색채학

1 색의 기원

우리가 일상에서 항상 접하고 있는 것 중 하나인 색. 눈에 가장 먼저 인식되는 요소인 만큼 우리 삶은 색과 뗄 수 없는 밀접한 관계를 맺는다. 색의 조화로움을 찾는 것은 인간의 기본적인 바탕이기도 하다. 4차 산업혁명 이후 미디어의 발달과 미적 문화의 발전 속에서 우리 생활과 아주 밀접한 관계를 지속해 온 색채는 그 중요성을 더해 가며, 다양한 분야에서 영향력이 더욱 확대되고 있다. 이는 반영구 화장(semi permanent makeup)에서도 마찬가지다.

자신에게 가장 이상적인 컬러를 활용해야 자연스럽고 안정적인 이미지를 심어 줄 수 있다. 각기 다른 피부톤을 마주하는 반영구 화장에서 기본적으로 고려해야 할 부분 중 하나이기도 하다. 그렇다면 색은 어디에서 오고, 미묘한 차이를 어떻게 구분할 수 있을까?

1) 빛의 파장

- 스펙트럼: 파장에 따른 성분의 분포
- 가시광선: 우리 눈으로 직접 관찰할 수 있는 빛
- 자외선: 파장 범위 10~400nm의 보이지 않는 빛
- 적외선: 파장 범위 780~1000nm의 온열 효과를 가진 빛

우선 색을 말하기 전 빛의 인식 과정을 알아야 한다. 시각으로 인식되는 색 감각은 빛의 파장, 즉 빛의 스펙트럼을 기반으로 한다. 스펙트럼이란 뭘까? 일반적으로 빛은 여러 파장의 빛이 합쳐져 있는데, 이 파장에 따른 성분의 분포를 스펙트럼이라고 한다.

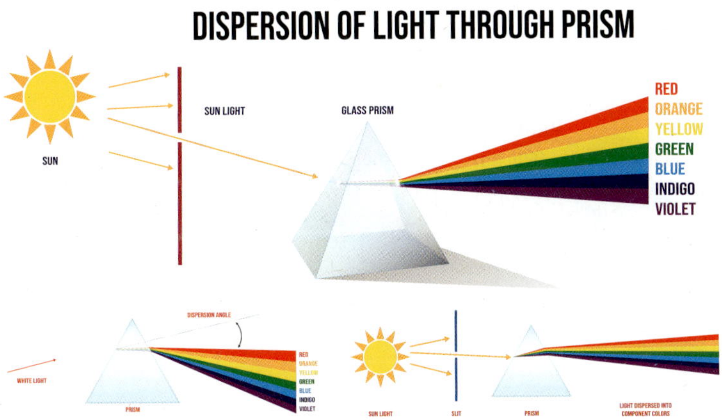

태양광을 프리즘에 통과시켜 보면 무지개처럼 여러 색이 펼쳐지는 걸 볼 수 있다. 빛의 파장에 따라 다르게 굴절하기 때문에 백색광으로 보이는 빛도 여러 파장의 빛들이 중첩되

어 이루어지는 걸 확인할 수 있다.

이것을 처음 발견한 것은 바로 과학혁명의 완성자, 영국의 아이작 뉴턴[1)]이다. 뉴턴은 자신의 의문을 해결하고자 오랜 연구 끝에 "백색광에는 원래 굴절률이 다른 여러 색깔의 광선이 존재하며, 이것들이 프리즘을 통과한 후 서로 다른 각도로 굴절되기 때문에 길쭉한 스펙트럼을 만든다"라는 결론을 내리고, '환상 또는 유령'이라는 뜻으로 스펙트럼이라는 용어를 붙였다.

일반적으로 우리가 알고 있는 스펙트럼의 정의는 빛의 성분을 파장의 순서로 나열한 것이며, 이는 빛의 파장이 어느 정도인가에 따라 적외선, 가시광선, 자외선 등으로 나뉜다.

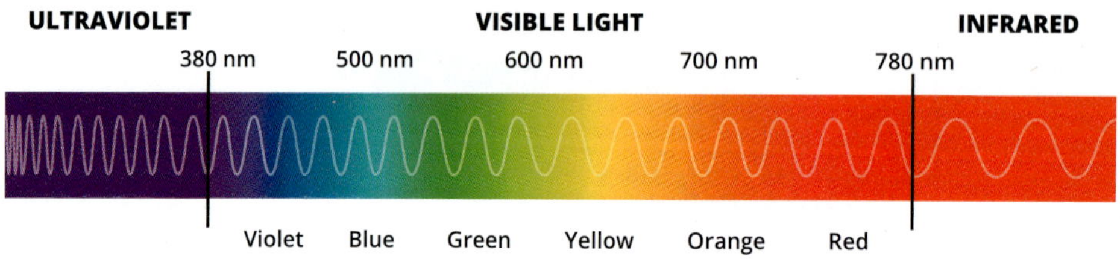

① 가시광선

우리가 흔히 말하는 빛이 바로 가시광선에 속한다. 말 그대로 '볼 수 있는 광선'. 사람의 눈으로 쉽게 구별할 수 있는 색을 나타내는 것이 가시광선이다. 눈으로 지각되는 파장 범위를 가진 물리적인 빛은 '색채'로 인식된다. 즉, 색이 눈을 통해서 지각되는 것을 '색채'라 하며, 이 색채의 기본은 가시광선에서 시작된다고 할 수 있다.

색채
빛의 반사에 의해 생기는 물체의 색

② 자외선

자외선은 보라색 계통의 빛으로 자줏빛 자(紫)를 따와 자외선이라고 한다. 파장이 가장 짧아 눈에 보이지는 않지만, 에너지가 가장 큰 탓에 사람의 피부를 까맣게 그을리기도 하고, 기미나 주근깨를 만드는 주범이다. 살균작용을 하지만, 과도하게 노출될 경우 피부암에 걸릴 수도 있다. 우리가 선크림을 바르는 이유이기도 하다.

③ 적외선

붉을 적(赤)을 따 적외선이라고 불리는 빛으로, 가시광선보다 긴 파장을 가져 육안으로 확인할 수 없다. 스펙트럼에서 적색 선의 끝보다 더 바깥쪽에 있는 전자기파로, 강한 열작용을 가지고 있어 열선이라고도 한다. 눈으로 직접 볼 수는 없지만, 피부에 흡수되어 온열 효과를 내기 때문에 피부를 통해 감지할 수 있다.

2) 색의 혼합

기본적으로 반영구 화장은 컬러의 혼합을 주로 사용하기 때문에, 특히 색이 어떻게 혼합되고 혼합색이 어떻게 변하는지에 대한 이해가 필요하다. 그러기 위해서 색의 기본이라고 할 수 있는 3원색부터 꼼꼼히 살펴보자.

① 빛의 3원색(RGB)

RED(빨강) / Green(초록) / Blue(파랑)

가산혼합
빛이 모여 만드는 색으로 명도가 높다.

이 세 가지의 색상들을 잘 겹쳐보면 여러 다른 색의 빛을 얻을 수 있다. 가장 많은 가지 수의 색을 만들기 때문에 빛의 3원색이라고 한다. 빛의 색은 섞으면 섞을수록 밝아지는 특징을 가지는데, 이를 가산혼합이라고 한다.

빨강과 초록의 빛을 겹치면 노랑, 빨강과 파랑의 빛을 겹치면 자홍, 초록과 파랑을 겹치면 청록, 모두 겹치면 흰색이 나타난다.

② 색의 3원색(CMYK)

Cyan(시안 - 블루)/Magenta(마젠타 - 레드)/Yellow(옐로우)/blacK(블랙)

감산혼합
물감이 모여 만드는 색으로 명도가 낮다.

우리가 흔히 인쇄를 위해 사용하는 잉크 카트리지에서 볼 수 있는 색상이 바로 색의 3원색이다. 시안과 마젠타의 색을 섞으면 파랑, 마젠타와 노랑을 섞으면 빨강, 시안과 노랑을 섞으면 초록이 나타나고, 3가지를 모두 섞으면 검정이 된다. 혼합하는 색의 수가 많을수록 명도가 낮아지는데, 색을 혼합할수록 그만큼 빛의 양이 줄어 어두워지기 때문이다. 즉, 색의 3원색은 섞을수록 어두워지는 감산혼합을 기본으로 한다.

색의 3원색을 혼합하면 비율마다 다른 색상을 만들 수 있는데, 반대로 다른 색상을 섞어서는 이 3원색을 만들 수 없다. 따라서 이 3원색을 '1차 색'으로 보고, 이를 섞어서 만들 수 있는 색은 '2차 색'이라고 한다.

여기서 잠깐

1) 왜 CMYK의 약자 중 K(블랙)는 뒷글자를 땄을까?

RGB의 약자 중 B는 블루(Blue)에서 따왔기 때문에 명칭에 있어 헷갈리지 않도록 블랙(Black)의 뒷글자를 따온 것!

2) C, M, Y를 파랑, 빨강, 노랑으로 부른다?

색의 3원색은 '시안, 마젠타, 옐로우'이지만, 한국인들이 이해하기 쉽도록 흔히 '파랑, 빨강, 노랑'으로 부른다(단, 표기는 CMYK로 해야 한다).

색의 원리를 깊게 알게 되면 반영구 시술 시 피부에 따라 가장 적합한 색 표현을 성공적으로 이루어 낼 수 있다. 여기서 반영구인들이 집중해야 할 것은 바로 색의 3원색이다. 색을 더하면 더할수록 둔탁해지는 CMYK를 기준으로 공부해야 한다.

3) 색채 이미지와 색의 구분

'색'은 각각 특수한 이미지를 표현하는 힘을 지니고 있다. 이러한 이미지 표현력은 색이 일종의 언어적 기능을 담당할 수 있음을 증명하는데, 이를 색채 연상이라고 한다. 어떤 한 가지 색을 보고 무엇인가를 느끼거나 이미지를 떠올려 느끼게 되는 것으로, 개인의 주관적인 감정과 경험, 그 사회의 문화와 정서 등에 영향을 받는다. 아주 쉬운 예로, 녹색을 보고 누군가는 나뭇잎을, 누군가는 개구리를 떠올리는 것을 들 수 있다.

색이 감정을 일으키는 '색채 이미지'를 잘 이용하면 부드러운 인상과 강한 인상을 주는 느낌을 살릴 수 있다. 색채의 온도감과 중량감, 딱딱하고 부드러운 정도로 각기 다른 이

Tip!

혼합색은 1차원적인 베이스 색으로 돌아가려는 성질이 있다. 같은 갈색의 눈썹을 시술하더라도 결국 빨강이 많이 띠는 갈색, 초록이 많이 띠는 갈색, 노랑이 많이 띠는 갈색인지에 따라서 차후의 잔여 색으로 남게 되는 경우가 그 예다. 따라서 어떤 1차 색의 비율이 높게 섞였는지 확인해야 한다.

베이스 색 확인하는 방법!

① 젖은 솜에 문질러 베이스 색상의 잔색을 보고 추측한다.
② 라텍스 장갑 위에 문지른 후 잔색을 확인한다.

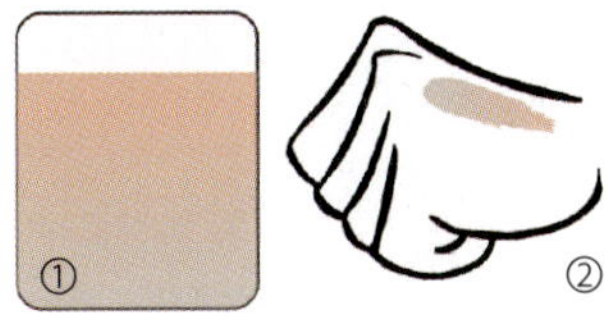

온도감
색의 따뜻하고 차가운 정도 - 난색[2)]과 한색[3)]의 차이

중량감
무겁고 가벼운 정도 - 명도[4)]의 차이

경연감
딱딱하고 부드러운 정도 - 채도[5)]의 차이

미지를 줄 수 있기 때문이다.

① 무채색과 유채색

흰색, 회색, 검정의 무채색과 이를 제외한 모든 색을 유채색이라고 말하며, 무채색은 명도만을, 유채색은 명도와 채도를 갖는다.

② 유채색의 세부 구분

- **순색**: 한 가지 색에서 채도가 가장 높은 색으로, 다른 어떠한 색도 섞이지 않은 색
- **청색**: 순색에 흰색이나 검정을 섞은 색
  (※여기서 청색이란 푸른색이 아니라 맑다는 뜻)
- **명청색**: 순색 + 흰색 = 명도는 높아지지만, 채도는 낮아짐
- **암청색**: 순색 + 검정 = 명도와 채도 둘 다 낮아짐
- **탁색**: 순색에 회색(흰색+검정)을 섞은 탁한 색

③ 보색

Complementary colors in the traditional RYB color model.

Complementary colors in the RGB color model.

색상환에서 서로 마주 보는 위치에 있는 색상 대비를 이루는 한 쌍의 색상을 말한다. 간단히 '서로 반대되는 색'으로 이해해 볼 수 있다. 보색을 혼합하면 무채색이 된다. 서로 반대되는 색이니만큼 대비가 크게 느껴진다.

4) 블랙의 차이

반영구 시술에서 색과 관련하여 겪는 어려움이 있다. 평소 색소를 사용할 때 원하는 색이 나오지 않아 당황했던 경험

들에 대한 고충을 많이 듣게 된다. 블랙에도 다양한 종류가 있다는 사실을 많이 놓치기 때문이다.

검정이라고 해서 'K(블랙)'의 비율을 100%로 하는 것보다는 C, M, Y의 비율을 적절히 분배 후 섞어야 원하는 이미지의 검정, '진정한 블랙'이 나올 수 있다. 잊지 말자, 하늘 아래 같은 블랙은 없다!

색채 혼합법은 시술자가 얼마만큼 이해하고 숙지하느냐에 따라 다양하게 사용할 수 있는 부분이다. 따라서 색의 기초를 알고, 실제로 행동으로 옮겨보는 노력이 필요하다.

2 색소학

1 염료와 안료

반영구 화장의 기본은 색소라고 할 수 있다. 피부에 색을 입히는 작업이 반영구 화장의 핵심이기 때문이다. 따라서 반영구의 기초를 탄탄히 하기 위해선 색소학에 대한 전문적인 지식이 필요하다. 색소는 다양한 분류 기준으로 구분되는데, 그 중 대표적으로 나뉘는 '안료'와 '염료'의 차이를 알아 둘 필요가 있다. 색채학에서 보았듯 가시광선을 선택적으로 흡수 또는 반사함으로써 고유한 색을 나타내는 물질, 즉 물체에 색깔이 나타나도록 만들어주는 물질이 바로 색소다.

'반영구'와 '타투'의 차이에 대해 궁금증을 갖는 사람들이 많다. 이 둘의 시술에서 가장 기본이 되는 차이점이 바로 '색소'에 있다. 그 차이란 무엇일까?

염료(Dye)
물에 용해되며, 섬유에 침투해 착색되는 유기화합물

안료(Pigment)
물 및 대부분의 유기용제에 녹지 않는 분말상의 착색제

반영구 화장은 피부 속에 색소가 직접적으로 침투하는 만큼, 가장 걱정해야 하는 것은 당연히 '안전한가?'의 여부. 타투의 인기가 솟구치며, 그 유해성도 함께 이슈가 될 수밖에 없었다.

반영구와 타투가 유사하게 보이기 때문에 반영구 부작용에 대한 걱정은 여전히 뜨거운 감자다. 하지만 반영구 색소는 염료와 안료 베이스로 만들어지는 타투 색소와는 달리, 안료 베이스로 만들어졌기 때문에 이러한 염려는 뒤로 제쳐두어도 된다.

1) 염료

염료는 입자가 작고, 물에 퍼지며, 은폐력[6]이 없다. 또 불에 태우면 타는 성질이 있으며, 타투 색소로 이용된다. 물에 녹는 가수분해[7]가 이루어지며, 수분을 가진 물질을 만나면 변질이 일어난다. 안료에 비해 투명성이 좋아 형광펜 같은 색을 낼 때 대부분 염료를 사용한다. 단, 염료에는 인위적인 것들이 많고, 피부 속에 주입될 경우 쉽게 녹아 다른 곳으로 발현할 가능성이 있어 인체에 유해하다.

여기서 잠깐

염료의 유해성!
염료는 입자가 작아 피부 속에서 쉽게 축적되어 이동할 수 있으며, 산화되어 우리 몸속의 림프구를 타고 다니면서 면역세포를 파괴할 수 있다.

Fact-Checking!
타투의 색소로 만들어진 염료 베이스가 피부 속에서 확산하여 다른 색으로 발현된다. 시술에 이용되는 염료 25개 제품 중 절반 이상의 제품에서 기준치를 초과하는 아연, 납, 구리, 카드뮴, 비소 등의 중금속이 검출된 사례로 인해 화학물질의 등록 및 평가 등에 관한 법률에 따라 '위해우려제품[8)]'으로 지정되기도 했다.

염료 사용으로 깊게 주입된 입술 색소와 눈썹 색소의 예를 들어보자. 입자가 작고 수용성을 띠는 염료 색소들은 사진을 찍기에 좋은 발광력과 보드라운 감은 있으나, 시간이 경과될수록 가수분해되어 변색이 나타나게 된다. 특히 색채학에서 살펴본 색의 3원색(CMYK) 중의 하나인 밝은 자주색, '마젠타'와 같은 유기화합물은 수분과 자외선의 영향으로 분자 구조가 쉽게 끊어져 변색의 원인이 된다.

이런 특징을 가진 염료는 과거 로마시대의 성서나 벽화에 많이 사용되었다. 그중에서도 푸른색과 보라색 계열은 귀족의 색으로 여겨져 귀족들의 옷을 표현할 때 많이 이용되었다고 한다.

2) 안료

안료는 입자가 크고, 물에 퍼지지 않는다. 은폐력과 불에 타지 않는 성질이 있어 반영구에 적합한 색소로 이용된다. 물에 녹지 않아 색상이 고정적인 것이 특징이다.

안료는 염료에 비해서 불투명하고 내화학성[9)], 내광성[10)], 내후성[11)]이 좋다. "100퍼센트 완벽히 변질이 일어나지 않는다"고 말할 수는 없지만, 염료에 비해 변질이 잘 되지 않는다.

안료 베이스는 크게 무기안료(Inorganic pigment)와 유기안료(Organic pigment)로 나누어진다.

① 무기안료

간단히 말하면 화학적으로 무기질[12)]인 안료는 광물성 안료로도 불리는 천연 안료나 금속이온(철, 티타늄 등)을 기초로 화학적으로 합성한 합성 무기화합물 안료를 가리킨다. 대표적으로 카본 블랙[13)]과 산화철[14)]이 있다. 카본 블랙은 입자가 작고, 빛의 반사성이 낮아 푸른색으로 변색하는 특징이 있다. 이에 반해 산화철은 입자가 크고, 빛의 반사성이 뛰어나며, 적색으로 변색하는 게 특징이다.

천연광물을 이용하는 무기안료는 그 역사가 깊다. 선사시대에 흙과 암석을 사용해 그린 동굴 벽화나 고대의 도자기에서도 확인할 수 있다.

② 유기안료

유기화합물을 착색의 주체로 하며, 액체에 녹지 않는 성질이 있다. 또한 색상이 다양하고, 착색력이 무기안료와 비교해 우수한 편이지만, 가격이 비싸다는 게 단점이다. 대체로 2원소(C/H), 3원소(C/H/N), 4원소(C/H/N/O)로 이루어진 것들이 많다.[15)]

안료는 물이나 오일에 모두 녹지 않기 때문에 우리가 평소 하는 메이크업 화장품에서도 10~50%의 비중을 차지할 만큼 많이 사용된다. 무기안료는 커버력이 우수하고 색이 변하지 않아 마스카라의 색소로 주로 사용되고, 유기안료는

Tip!

염료와 안료의 차이점:

1. 용해성
염료는 물이나 유기용매에 잘 녹는 반면, 안료는 물에 녹지 않는 불용성 물질이다.

2. 착색 메커니즘
염료는 섬유 분자에 화학적으로 결합하여 착색되지만, 안료는 기질 표면에 물리적으로 부착되어 착색된다.

3. 용도
염료는 주로 섬유 염색에 사용되고, 안료는 페인트, 잉크, 플라스틱 등의 비섬유 제품 착색에 사용된다.

4. 내구성
염료는 세탁, 마찰 등에 의해 쉽게 탈색되지만, 안료는 상대적으로 내구성이 좋다.

5. 화학구조
염료와 안료는 유사한 화학구조를 가지고 있지만, 안료는 결정 상태로 존재하는 반면 염료는 분자 단위로 존재한다.

6. 발색 메커니즘
무기 안료와 달리, 유기 안료와 염료는 발색단(chromophore)과 조색단(auxochrome)을 가지고 있어 다양한 색상을 구현할 수 있다.

착색력이 크고 색상이 선명한 것이 많아 립스틱처럼 색상으로 화려함을 표현할 때 주로 사용된다.

3) 색소의 선택

색소의 성능이 좋다는 것은 본연의 색이 잘 나타나며, 인체 내에서 무리 없이 색상이 잘 유지되는 것을 의미한다. 좋은 색소를 알고 싶다면 색소에 대해 먼저 관심을 가지고 습득해야 한다. 그저 기술적으로 시늉만 내는 것이 아닌, 그 원리부터 파악해 고객 한 분 한 분에게 자신 있는 아름다움을 선사하는 것이야말로, 반영구인으로서 가슴에 새겨야 할 진정한 가치이다.

반영구 색소를 선택할 때는 안정성과 제품의 우수성, 가격, 인지도 등을 복합적으로 따져보아야 한다. 그리고 여기서 가장 중요하게 고려해야 할 부분은 피부에 주입되는 색소의 안전성(safety)과 안정성(stability)이다. 화학제품에 대한 불안감이 증폭되는 만큼, 제품의 생산과정이 안전한지까지 꼼꼼히 살펴야 할 필요성이 대두된다. 환경부에서 반영구용 색소에 대해 지정검사기관에서 통과한 제품에 대해 '자가검사번호'를 부여하고 있다. 환경부의 고시 사항에 따라 안전성이 증명된 제품 중 착색력이 우수한 제품을 선택하는 것이 고객의 만족도를 높이는 방법 중의 하나라는 점을 명심하자.

여기서 잠깐

<제품추천>

코코블랙
코코브라운
코코레드킬러
에버 핑 키쉬 두피 색소 3종
에버 핑 키쉬 두피 파우더 2종
EVER AFTER(미국 제조)
PERMA BLEND(미국 제조)

4) 같은 색소 다른 결과, 색이 달라지는 이유

똑같은 색소를 사용하였지만 사람마다 왜 다른 결과물이 나오는지는 피부와 직접적인 연관이 있으므로, 먼저 피부 타입에 대한 지식이 필요하다.

본격적으로 피부학을 다루기 전에 '색'이 달라지는 데 영향을 미치는 요소들을 먼저 살펴보려고 한다. 이를 토대로 '착색'에 직접적인 영향을 주는 원인까지 알아보자.

① 빛의 투과율에 따른 색

색은 빛의 투과율에 따라 달라진다. 빛의 투과율, 즉 가시광선의 파장 범위에 따라 물체가 빛을 반사 또는 흡수하면서 보여주는 효과 때문이다. 예를 들어, 우리의 눈에 사과가 빨갛게 보이는 이유는 곧 사과라는 물체가 다른 색은 흡수하고, 빨간색만을 반사하기 때문이다.

가시광선은 빨·주·노·초·녹·파·보 계열의 빛을 반사하고 흡수하여 우리가 직접 관찰할 수 있는 물체의 색을 보여주게 된다. 여기서 물체의 색이란 표면에서 빛을 반사하여 나타내는 '표면색'과 색유리와 같이 빛을 투과하여 나타내는 '투과색'을 말한다.

② 멜라닌 색소의 영향

빛의 투과율에 따라 색이 달라 보이는 것처럼 인종마다 털, 머리카락, 눈동자의 색 또한 확연한 차이를 보인다. 바로 표피의 기저층에서 만들어지는 갈색 색소, 즉 '멜라닌 색소'의 발현 유전자가 달라 신체에 분포하는 멜라닌 세포 양이 달라지기 때문이다. 멜라닌 색소는 사람의 피부색뿐만 아니라 털, 머리카락, 눈동자의 색에 영향을 준다. 예를 들어, 노화와 함께 흰머리가 생기는 이유는 모공 속의 멜라닌 줄기세포가 사라지기 때문이다.

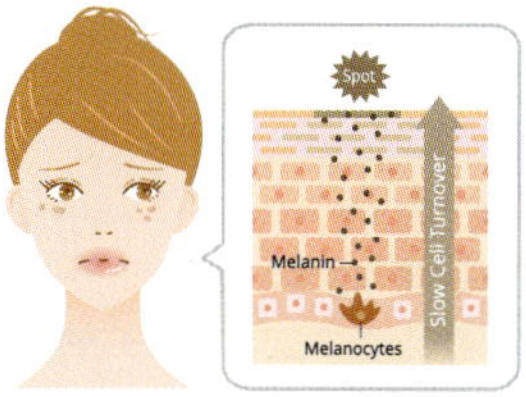

멜라닌이 매우 적거나 없는 경우 백색증이 나타나기도 하며, 과다하게 생성될 경우 표피에 침착되어 기미나 주근깨, 잡티로 발전하기도 한다. 그럼 멜라닌은 피부에 해로운 물질일까?

멜라닌은 유해한 자외선이 피부 깊숙이 침투되는 것을 막고, 여드름 등 다양한 자극으로부터 피부 손상을 막아주기 때문에 그저 유해한 물질만은 아니다.

Tip!

피부관리 꿀팁

멜라닌 색소는 필수적이지만, 과유불급! 희고 깨끗한 피부를 원한다면 멜라닌이 과다 생성되지 않도록 케어하는 것이 중요하다. 거의 모든 과일과 채소에 들어있는 비타민C의 항산화50)가 도움이 된다.

- **피부를 자꾸만 만지는 손은 그만!**

피부를 만지는 습관은 잠재된 멜라닌을 자극한다. 특정 부위에 유독 극심한 멜라닌이 포착되는 이유다. 수시로 코를 잡는 버릇, 턱을 괴거나 눈을 비비는 등 잘못된 생활습관은 피하층에 독소와 염증을 쌓고 멜라닌을 자극하는 주범이다. 그러니 당장 얼굴에서 손을 떼자!

- **집에만 있는 방콕족도 위험?**

블루라이트는 자외선처럼 피부 속으로 침투하여 산화 반응을 일으킨다. 피부 노화의 주원인인 '활성산소'가 400% 증가하고, 피부 세포 생존력은 44% 감소하게 된다. 자외선은 표피와 진피까지 침투하지만, 블루라이트는 더 깊숙한 피하조직층까지 침투한다. 집에서 장시간 블루라이트에 노출될 경우 자외선 차단제는 필수!

- **피부에 열이 오르면 적신호!**

연인 또는 친구와 밤늦게까지 뜨거운 폰을 붙들고 통화하는 것은 피부를 망친다. 피부가 장시간 뜨거운 열에 노출되면 그 부위에 멜라닌 생성이 증가한다. 드라이기의 뜨거운 바람이나 자동차 히터가 얼굴을 향하는 것도 웬만하면 피하자!

- **화장품의 도움 받기?**

더 이상의 햇빛 노출은 금물. 자외선은 멜라닌을 자극하는 가장 큰 주범이다. 야외 활동 시에는 자외선 차단제를 발라주는 것을 생활화하자! 화이트닝 제품을 사용하는 것도 도움이 될 수 있다. 화이트닝 제품에 함유되는 물질은 크게 3가지로, 멜라닌 색소의 생성을 억제, 각질 세포를 벗겨내 침착된 멜라닌 색소를 제거, 자외선을 차단하는 역할을 한다.

- **먹고 바르는 비타민 홈케어!**

신선한 과일과 채소에는 파괴되지 않은 비타민C가 다량 함유되어 있어 미백효과가 있다. 일반적으로 오이, 키위, 사과 팩 등이 사용된다. 일반적인 과일의 경우 바르는 것이 먹는 것보다 효과가 좋다. 그 외에 비타민A, B, E 등도 미백에 효과가 있다.

③ 피부와 pH 산도의 관계

피부와 pH 산도의 관계

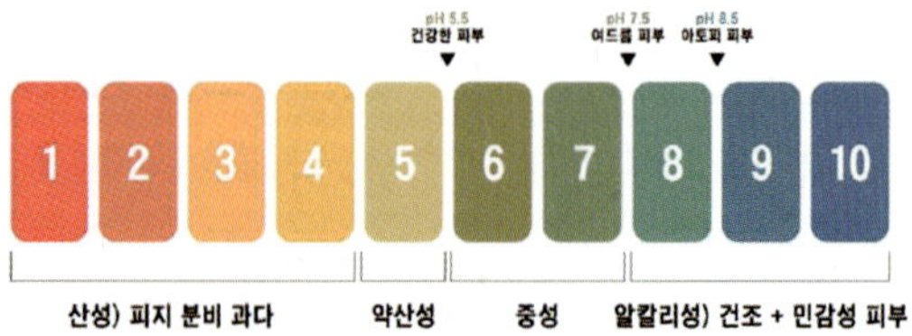

사람마다 각기 다른 피부 타입과 피부 체질을 가질 수밖에 없다. 이는 피부와 pH[17] 산도의 관계를 깊이 알아갈수록 이해하기 쉽다. 산성과 알칼리성 수치를 나타내는 pH의 정도에 따라 피부 타입이 결정되기 때문이다.

- **피부 pH가 약산성일 때**
건강한 피부는 약산성이다. 땀샘과 피지선에서 분비되는 여러 산성 성분 덕분에 유해 미생물의 증식을 억제하고, 건강한 피부 환경을 유지할 수 있다.

- **피부 pH가 알칼리성일 때**
과도한 세안, 잘못된 스킨케어로 피부 표면의 산성 성분이 감소하면 미생물로부터 방어력이 약해지고 피부 컨디션이 쉽게 저하된다.

- **피부 pH가 산성일 때**
피지가 과도하게 분비되고 있다면 피부가 산성에 가까워진다는 신호다. 모공 확장 등 피지로 인한 피부 고민이 생기거나, 피부 케라틴(각질) 작용에도 영향을 미쳐 탄력 저하의 원인이 되기도 한다.

④ 유·수분의 밸런스

유·수분 밸런스가 깨지면 얼굴 당김, 간지러움, 홍조 발생, 각질 부각, 피부 트러블 등의 증상이 나타나게 된다. 가장 이상적인 피부 상태를 유지하기 위해서는 유분과 수분이 균형을 이루어야 한다.

- **수분 부족형**
건조한 피부를 보호하기 위해 피지가 과잉 분비되는 상태.
→ 유분을 제거하기보다 피부 속 수분을 채워 피지를 잡아야 한다.

- **유분 부족형**
수분 증발을 막는 보호막을 생성하지 못해 피부결이 거칠어진 상태.
→ 부족한 유분을 채워 약해진 보호막을 회복시켜 주어야 한다.

Tip!

피부관리 꿀팁

유분 부족형과 수분 부족형의 원인 및 증상을 파악하여 본인에게 맞는 관리법을 찾는 것이 필요!

- 유분 부족형: 비정상적인 각질 관리! / 이중 세안 금지! / 가벼운 제형의 제품 사용!
- 수분 부족형: 유분이 풍부한 보습제 사용! / 오일 활용!

5) 착색의 차이

이상적으로 색소 착색이 잘 되는 피부들은 다음과 같이 꼽을 수 있다.

- 약산성의 건강한 피부
- 탄력도가 좋은 피부
- 결점없이 조밀한 피부
- 눈썹 모량이 골고루 분포된 눈썹
- 유수분 균형이 완벽하게 조화를 이루는 피부

하지만 24년 경력의 실제 경험에서 가끔 반전이 발견되었고, 단순히 시술 후 관리를 잘못한 고객의 부주의라 생각하기도 했었다. 하지만 반영구 화장은 색소 자체를 피부에 투입시키는 시술이기 때문에 피부에 대한 이해도가 높아야 더 좋은 결과로 이어질 수 있다는 것을 깨달았다.

같은 시술을 하더라도 피부 자체의 본 성질이 달라 다른 결과를 보일 수밖에 없다는 것이다. 반영구 시술에서는 개개인이 가지고 있는 피부 타입에 따라 어떤 시술 테크닉이 들어가야 하는지 완벽하게 익히는 것이 중요하다. 과연 어떤 요소들이 피부 위에서 착색의 차이를 만들어낼까?

① 피부 타입에 따라 달라지는 착색 결과

'OO 피부 타입 전용'이라는 문구를 전면에 내세운 기초화장품들을 흔하게 볼 수 있을 정도로 우리는 모두 다양한 타입의 피부를 지니고 있다. 피부 표면의 유/수분량, 혈액순환 상태, 피부의 두께 등에 따라 분류할 수 있다. 대표적인 피부 타입에는 우리가 흔히 알고 있듯 지성, 건성, 중성, 복합성 등이 있다.

• 중성 피부인 경우

가장 이상적인 피부라고 할 수 있는 중성 피부. 반영구 화장에서 이상적인 착색이 이루어지는 피부다. 단, 외부 자극과 저항에 뛰어난 대사율[18]이 좋은 세포를 많이 보유한 피부일수록 재생이 잘 되기 때문에 주입한 색소들이 착색이 잘 안 되고 지워지는 경우가 있다.

• 건성 피부인 경우

보습 능력의 저하로 인해 유·수분 함량이 부족한 건성 피부. 이 경우 대조적인 두 가지 착색 유형이 나타날 수 있다. 먼저, 유·수분 유지를 잘해주지 못하는 경우 심각하게 탈각이 일어나 착색이 안 되는 현상이 나타날 수 있다. 반면 건조함으로 인해 색소 주입이 더 이상적으로 이루어져 착색이 잘 나오는 예도 있다. 따라서 피부의 특성을 잘 고려하여 시술의 깊이를 적절하게 조절해 주어야 한다.

• 지성 피부인 경우

다른 피부 타입과 비교해 유분이 많고, 모공이 넓은 피부인 지성 피부. 피지량이 많아 여드름과 블랙헤드가 생기기 쉬운 타입이다. 즉, 지성 피부의 반영구 화장 시술 시 트러블이 있는 부분에 출혈이 발생하거나 컬러가 뭉쳐 보이게 착색될 수 있어, 1차 시술 시 니들의 깊이가 너무 깊지 않도록 진행해야 한다.

• 복합성 피부인 경우

얼굴 부위에 따라 서로 다른 피부 유형이 공존하는 복합성 피부. 부위에 따라 피부 컨디션이 달라 부분별 특징 또한 다르다. 따라서 시술받는 고객의 피부 상태를 정확하게 파악하여 그에 맞는 시술법을 택해야 한다.

• 광노화성 피부인 경우

자외선에 의해 피부 노화가 촉진되어 피부 표면이 거칠어지고 건조하며, 탄력이 떨어지는 특징이 있으며, 반영구 시술 시 피부의 바깥쪽과 안쪽 상태가 달라 어려움이 있을 수 있지만, 다른 피부 타입보다 높은 착색력을 보인다.

② 반복적인 마취 연고의 사용

착색 결과가 다르게 나타나는 또 다른 이유는 '마취 연고'에 있을 수 있다. 건강하고 완전한 피부는 물질의 침투 및 유출을 선택적으로 막는 강력한 하나의 장벽이라 할 수 있다. 또 신체에서 가장 큰 조직인 피부는 외부에서의 통증이나 온도, 접촉 및 압력 등의 자극을 감지하여 보호와 지각의 생리작용을 한다. 반영구 시술 시 발생할 수 있는 통증의 고통, 두려움과 긴장감을 완화하기 위해 국소 표면 마취를 하는 것이 원칙이다.

마취의 발현 시간은 피부 상태와 노화 정도에 따라 달라지기 때문에 반복적인 마취 연고의 사용으로 자극을 최대한 감지하지 않도록 하여 착색률과 시술의 완성도를 높일 수 있다. 단, 반복적으로 마취 연고를 사용하기 전에 주의사항을 먼저 숙지해야 한다.

> **Tip!**
>
> **반복적인 마취 연고 사용의 주의사항!**
>
> **피부 손상을 고려하여 사용하기**
> 두 종류의 마취 연고를 준비하는 것은 기본. 젤 또는 액상 형태의 마취 연고를 사용하여 피부의 상처 혹은 손상이 생긴 경우 사용할 수 있도록 준비해야 한다.
>
> **피부 손상을 최소화하는 마취 연고 사용하기**
> 국소 마취 연고의 pH는 제품에따라 다르지만, 일반적으로 pH5.0~8.5 범위에 있다. 피부와 결합할 때 피부 손상을 최소화하기 위해서는 pH가 피부 자연의 5.5와 가장 가까운 제품을 사용하는 것을 추천한다. pH 5.0~8.5 이상인 제품은 피부조직을 연화 시키거나 저온 화상을 입힐 수 있으니 주의해야 한다.

③ 니들의 깊이로 인한 색소 침투율

다른 착색 결과가 나타나는 또 다른 이유는 니들의 깊이 차이를 꼽을 수 있다. 똑같은 한 방울의 색소를 넣는다고 가정하였을 때 니들의 주입 깊이에 따라 색소의 분산이 달라진다. 이는 피부층의 구조적 특징 때문이다. 표피는 얇고 밀집된 세포층인 반면, 진피는 비교적 두껍고 강인한 세포층으로 이루어져 있다. 따라서 색소 주입 깊이가 깊어질수록 색소가 진피 내에서 더 넓게 퍼져 다른 색으로 보이게 된다.

피부층의 구조와 특징

-표피: 피부의 가장 바깥층으로 얇고 밀집된 세포층

-진피: 표피 아래에 위치하는 비교적 두껍고 강인한 세포층

-피하지방층: 진피 아래에 위치하는 지방 조직층

이러한 피부층의 구조적 차이로 인해 색소 주입 깊이에 따라 다른 색상이 나타나게 된다. 표피에 얕게 주입되면 색소가 퍼지지 않아 선명한 색상이 나타나지만, 진피 깊이로 주입되면 색소가 더 넓게 퍼져 다른 색으로 보이게 된다. 이상적인 색소 주입 부위는 피부의 기저층이다. 기저층은 피부의 가장 깊은 층으로, 표피를 구성하는 기본 세포층이다. 색소 주입 시 이 부위에 정확히 도달하는 것이 이상적이다. 기저층까지 도달한 색소는 보통 6개월에서 1년 정도 유지되며, 각화 과정을 거치면서 자연스럽게 점차 사라진다.

또한 색소의 분산은 앞서 색채학에서 살펴보았던 것처럼 가시광선에 의해 빛의 투과율이 달라지면서 다른 색상으로 보이기도 한다. 이렇듯 반영구 화장은 한 가지의 원리만 알아도 다양한 착색 결과물을 예측하여 카본 베이스의 색소와 산화철 베이스의 유기, 무기 색소 비율을 달리 적용할 수 있게 된다.

Tip!

"카본 블랙은 유기 색소일까요? 무기 색소일까요?

카본 블랙 색소는 일반적으로 무기 색소에 속한다. 이는 일반적으로 탄소를 고온에서 연소시켜 만드는데, 그 과정에서 생기는 미세한 탄소 입자가 카본 블랙의 기본 구성 요소가 된다. 입자가 작고 다양한 색상을 가지는 착색력이 좋은 유기색소와는 달리 무기색소는 자외선에 강하고, 색상이 변하지 않으며, 화학적으로 안정적이다. 하지만 개인의 피부 상태나 알레르기 반응 착색도 등을 고려하여 유기,무기 색소 또는 두 가지가 믹스 된 하이브리드 색소를 사용하도록 권장한다.

6) 실제 사례 및 적용 예시

“무기 색소인 카본블랙으로 ‘미인점’을 찍었는데 푸른 잿빛으로 보여요!”

반영구 시술자들이 흔하게 겪는 현상 중 하나가 색소가 의도와 다르게 피부에 착색되는 일이다. 이는 앞서 살펴본 것과 같이 시술자의 테크닉 부족으로 인한 것일 수도 있지만, 고객의 피부 타입에 따른 결과일 확률이 높다.

반영구 색소 중 카본 베이스는 '산성'에 특히 취약해 잿빛으로 표현되는 경우가 많다. 또, 눈썹 레이저 제거를 받은

Tip!

반영구 기법별 색소 배합 팁!

블랙 다크브라운 초코브라운 브라운 라이트브라운 올리브 레드 핑크 오렌지 착색제

엠보		수지
• (브라운+올리브)+다크	⬅ 어두운톤 ➡	• (브라운+올리브)+다크
• (브라운+올리브)+초코	⬅ 표준톤 ➡	• (브라운+올리브)+초코
• (브라운+올리브)+라이트브라운	⬅ 밝은톤 ➡	• (브라운+올리브)+라이트브라운
+착색제	붉은잔흔커버 ➡	• 초코 or 브라운+올리브5 +착색제

입술	아이라인	중화
• 레드 • 핑크+레드 • 오렌지+레드	• 블랙9+오렌지 or 갈색색소 (푸른 변색 방지 효과) • 코코블랙 9: 코코 파우더 1 (푸른 변색과 색소의 분산과 이동으로 인한 퍼짐 방지)	• 올리브 ⬅ 붉은색 • 오렌지 ⬅ 회색, 푸른색

엠보		수지
• (브라운+올리브)+다크	⬅ 어두운톤 ➡	• (브라운+올리브)+다크
• (브라운+올리브)+초코	⬅ 표준톤 ➡	• (브라운+올리브)+초코
• (브라운+올리브)+라이트	⬅ 밝은톤 ➡	• (브라운+올리브)+라이트
+착색제	붉은잔흔커버 ➡	• 초코or브라운+올리브5 +착색제

입술	아이라인	중화
• 레드 • 핑크+레드 • 오렌지+레드 +착색제	• 블랙9+오렌지1 +착색제	• 올리브 ⬅ 붉은색 • 오렌지 ⬅ 회색, 푸른색 +착색제

피부와 지성 피부도 잿빛을 보일 확률이 높다. 피지 분비량이 많은 코의 미인점 시술 후, 카본 블랙 색소가 잿빛이나 푸른빛으로 보이는 경우가 종종 있다. 이는 피부의 적정 산도, 즉 pH가 균형을 이루지 않을 때 색소가 다른 색으로 산화되어 나타나게 된다.

- 피부 방어벽이 무너진, pH 산도가 높은 알칼리 피부
- 피지 분비가 많은 지성 피부
- 기존에 눈썹 레이저를 받은 사람
- 기미, 주근깨, 잡티가 많은 사람
- 얼굴이 어둡고 칙칙한 피부를 가진 사람

이런 경우 어떻게 해야 할까? 어떤 테크닉을 적용하는지에 따라 차이가 있겠지만, '레이어드 기법' 적용 시에는 "카본 베이스 위에 산화철 베이스를 깔아주는 방법"을 주로 사용하게 된다.

이 밖에도 같은 색상의 색소라도 니들의 주입 깊이가 깊어지면, 탈각 후 회색과 잿빛으로 발색 된다. 이런 점들 하나하나 세심하게 고려하여 원하는 시술 컬러와 실제 발색 사이에 큰 간극이 발생하지 않도록 유의해야 한다.

쉬어가기

마음을 비추는 거울

• 둥글고 속눈썹이 많은 눈(소 눈)

차분한 성격으로 매사에 실수가 적고, 재물운이 많다. 좋은 인성을 지녀 주변에 사람이 많다.

• 쌍꺼풀이 있고 눈꼬리가 위로 올라간 눈(사자 눈)

다소 괴팍한 면이 있긴 하나, 지혜를 겸비한 호탕한 리더형이다. 관록운이 좋아 여성의 경우 일찍 출세할 수 있다.

• 적당한 크기에 눈동자가 검은 눈(학 눈)

이상이 높고, 청렴결백한 성격으로 주변의 신뢰를 얻으며, 재물운이 좋은 편이다.

• 쌍꺼풀이 여러 겹인 눈(거북이 눈)

정이 많은 성격의 소유자로 관찰력과 연구력이 뛰어나다. 건강운이 좋아 장수하는 편이다.

• 눈동자가 위로 붙고 아래 눈꺼풀에 주름이 가지런한 눈(원숭이 눈)

주변에서 재미있는 사람으로 평가받으며, 눈치가 빠른 편으로 기회를 놓치지 않아 일찍 성공할 수 있다.

CHAPTER 2

피부학

에스*겔, 비*겔.

이것들은 모두 남성 성기 촉각 예민화 및 둔화를 위한 국소 표면 마취제이다. 처음 반영구를 배울 때 선생님께서 통증방지제 대용으로 사용하라며 알려주신 것들이다. 모두 약국에서 쉽게 구할 수 있는 제품이었다. "네? 정말 이것뿐이라고요?"하고 눈을 동그랗게 뜨던 때가 벌써 20여 년 전. 당시 교육환경은 그랬다.

"No pain, no gain"

노력 없이는 성공이나 진보가 없다는 뜻으로, 고통 없이는 예뻐지지 않는다. 하지만 반영구화장에 있어서 통증을 감소시키는 것보다 더 중요한 것은 통증방지제의 남용 없는 부위별 올바른 사용법이다.

반영구화장은 피부에 니들을 이용해 색소를 주입하는 침습행위이다. 침습행위는 자칫 잘못하면 감염과 많은 부작용을 초래할 수 있다. 통증과 감염 및 위생 교육이 전무하여 많은 시행착오들을 겪으며 노하우를 완성해 왔다. 그러나 주먹구구식의 경험에만 의존하며 만들어진 것들을 학문적으로 근거를 찾아 체계화하고 이 시장의 바른 선구자가 되어 보고자 한다.

1 피부기관과 감각기관

1 피부기관

반영구의 핵심과 기초는 바로 '피부'에서 시작된다고 할 수 있다. 피부 바로 위에 그리고 피부 안에 색소를 주입하는 것이 기본이기 때문이다. 그렇기에 먼저 피부의 구조와 생태, 감각을 이해해야 한다. 본격적으로 피부기관을 알아보기 전에 한 가지 질문을 던진다.

"피부의 가장 중요한 역할은 무엇일까?"

그건 아마 보호와 배출이라고 할 수 있다. 그리고 반영구 아티스트라면 피부의 '보호' 작용에 대해 누구보다 꼼꼼히 알아야 한다. 피부의 생리에 따라 시술의 결과가 달라지기 때문이다.

먼저 피부기관이 어떻게 구성되어 있는지부터 살펴보자.

1) 피부계의 구성요소

피부계를 가장 외부에서부터 차례로 살펴보면 '표피'와 '진피', '피하지방층'으로 구분한다. 표피에는 각질형성세포가 주로 분포하고, 그 밑으로 콜라겐 섬유와 같은 기질 단백질로 이루어진 진피에는 혈관, 신경, 땀샘이 분포하며, 가장 안쪽에 지방세포로 구성된 피하지방층이 있다.

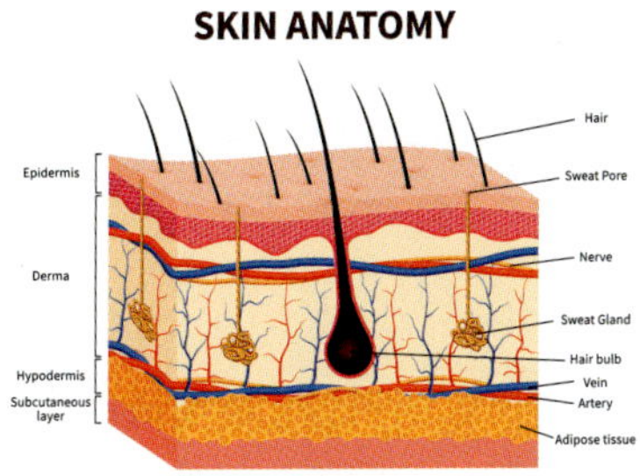

① 표피

일단 “피부”라고 하면 일반적으로 떠올리는 표피 부분을 먼저 살펴보자.

표피는 피부의 가장 표면층으로서 외부의 자극으로부터 신체를 보호하고, 신진대사 작용을 하는 층이다. 쉽게 말해서 살을 만졌을 때 직접 닿는 ‘겉 피부’가 바로 표피층이다. ‘각질형성세포’라고 불리는 기저세포가 대부분(약 80% 이상)을 차지하며, 이 외에도 멜라닌세포[19], 랑게르한스세포[20], 머켈세포[21] 등이 존재한다.

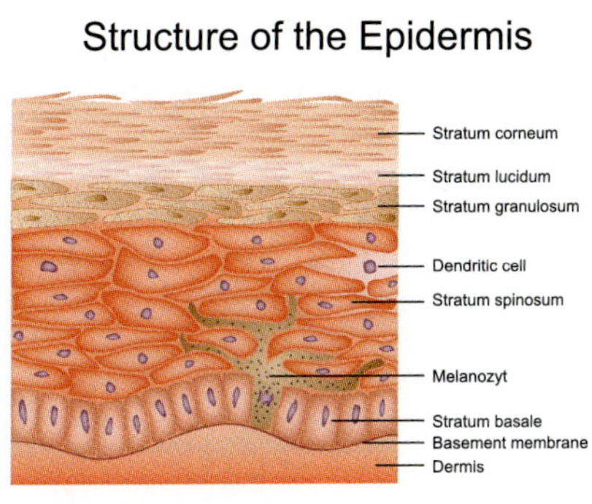

앞의 그림과 같이 표피는 각질층 - 투명층 - 과립층 - 유극 - 기저층의 총 5가지 층으로 구성되어 있다.

• 첫 번째 층: 각질층(각질을 형성하는 층)

각질층은 표피를 구성하는 세포층 중 가장 외층으로 가장 얇은 조직이다. 평균 두께는 0.1~0.3mm로, 눈꺼풀 부분의 두께가 가장 얇다. 각화[22)]가 완전히 일어난 세포들로 구성되어 '비듬'이나 '때'처럼 박리현상을 일으키는 층이다.

기저층에서 생성된 새로운 세포들은 시간이 지남에 따라 유극층과 과립층을 거쳐 각질층에 도달하게 되고, 이어 '탈피'하게 된다. 이러한 연속적인 과정을 통해 세포가 수분을 배출하고 케라틴[23)] 성분을 흡수하는 현상을 보인다. 이때 보통 4주에 한 번꼴로 시간이 소요되며, 이를 '세포 교체 주기'라고 한다.

28일을 주기로 일정하게 각질 탈락이 일어나면 정상적인 피부 유형으로 보며, '피부 타입'과 '피부 나이'에 따라 이보다 조금 빠르거나 조금 느리게 일어난다.

> **Tip!**
>
> **세포 교체 주기는 색소 침착률에 영향을 주기도 한다!**
>
> 나이가 많을수록 세포 재생 속도가 느려 반영구 화장의 색소 침착 역시 오래간다. 반대로 나이가 어릴수록 각질 탈락의 주기가 빠른 편으로 세포 재생 속도가 빨라 유지 기간이 짧아진다.

• 두 번째 층: 투명층

투명층은 손바닥과 발바닥 등 비교적 피부층이 두꺼운 부위에 분포되어 있으며, 수분의 침투를 방지하고, '엘라이딘'이라는 단백질을 함유하고 있어 피부를 윤기 있게 해주는 기능을 한다.

• 세 번째 층: 과립층

피부의 수분 증발을 방지하는 층이며, 지방세포를 생성한다.

• 네 번째 층: 유극층

표피 중 가장 두꺼운 층으로, 세포 표면의 가시 모양의 돌기가 세포 사이사이를 연결하며, 비수용성 단백질인 '케라틴'의 성장과 분열에 관여한다.

• 다섯 번째 층: 기저층

표피의 가장 아래층으로, 진피의 유두층으로부터 영양분을 공급받고, 새로운 세포를 형성한다. 표피의 세포에는 '케라틴'이 함유되어 있어 외부 환경으로부터 체내의 기관과 세포를 보호하는 기능을 수행한다. 이를 각질세포[24]라고 부르는데, 이 세포들은 표피 아래의 기저층에서 만들어져 위로 올라올수록 점점 납작해지며 보호막을 형성하게 된다.

여기서 잠깐

피부기관의 기능!

- 외부의 유해 자극에 대한 장벽 역할
- 수분과 전해질의 외부 유출 방지
- 체온조절과 면역기능
- 촉각, 압각, 통각, 온도 등에 대한 감각기능
- 비타민D 합성
- 내부장기의 이상을 표현

The Layers of Skin

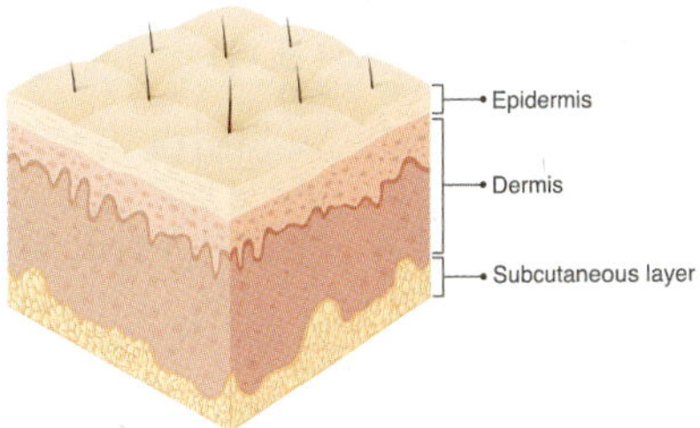

표피층에 주입된 색소는 보통 3~6주 사이에 각화 과정을 거치게 되고, 반영구 시술로 주입되었던 색상 중 일부만이 남게 된다. 반영구 메이크업에선 이를 '탈각' 과정이라고 부른다. 피부는 이물질이 침입하거나 표피 일부가 파괴되면 신진대사를 활발하게 하고 면역항체를 생산하도록 만든다. 피부 재생을 가속하는 작용을 하기 때문이다.

따라서 앞서 살펴보았던 것처럼 반영구 시술 시 니들의 강도와 깊이, 밸런스 등 테크닉에 따라 다른 결과가 나올 수밖에 없다. 이로 인해 반영구 시술 전 고객과의 충분한 설명이 필요하다.

② 진피

진피는 콜라겐 섬유와 탄력섬유가 대부분을 차지하며, 털샘피지, 땀샘, 손발톱 등의 피부부속기를 포함한다. 크게 '유두층'과 '망상층'이라는 두 개의 층으로 구분된다. 표피는 베여도 출혈이 없고 아프지 않지만, 그것이 진피까지 닿으면 출혈이 있고 아픔을 느끼게 된다는 차이가 있다.

• 유두층

표피의 경계 부위에 '유두 모양의 돌기'를 형상화하고 있는 진피의 상단 부분으로 유두층이라고 부른다. 대량의 수분을 함유하고 있으며, 많은 모세혈관이 밀집해있어 표피의 기저층에 영양분을 공급한다. 또 피부의 팽창과 탄력에 관여하며, 촉각과 통각 등의 신경 전달을 담당한다.

유두층의 돌기 모양은 노화가 진행됨에 따라 편평해지는

경향이 있어 유두층의 완만도를 보고 피부 노화 정도를 가늠할 수 있다.

• 망상층

유두층의 아래에 위치하여 피부조직과 연결되어 있는 층으로, 그물의 형태를 이루고 있다 해서 '그물망(網)'자를 사용한다. 옆으로 길고 섬세한 섬유가 그물 모양으로 구성되어 있으며, 혈관, 신경관, 림프관, 한선, 유선 모발, 입모근 등의 부속기관이 분포되어 있다.

크게 콜라겐 섬유와 탄력 섬유, 그 사이를 채우는 기질 그리고 이 모든 성분을 만들어내는 섬유아세포로 살펴볼 수 있다.

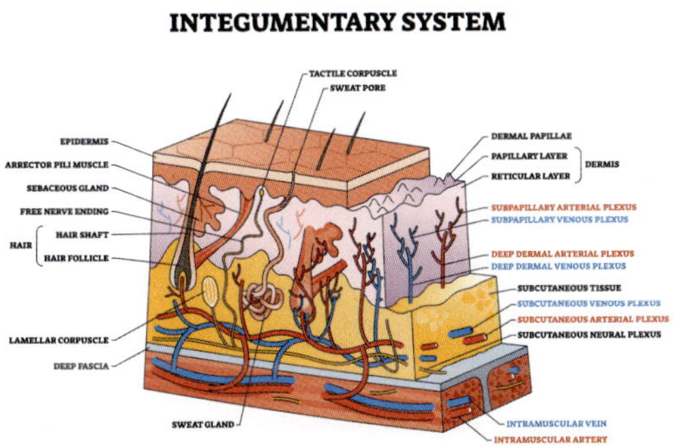

- 콜라겐섬유

진피의 90%를 차지하는 콜라겐 섬유는 아교질 섬유성 단백질로, 피부를 튼튼하게 해주는 피부 지지층이라 할 수 있다. 피부 자극을 완화하고 상처 치유에서 지혈 작용을 수행한다. 콜라겐 섬유가 자외선 등의 원인으로 유연성을 잃고 굳어지면, 피부가 함몰되고 주름살이 생기게 된다. 콜라겐이 부족할 경우 잡티도 함께 증가한다.

- 탄력섬유(엘라스틴섬유)

진피 성분의 2~3%를 차지하는 탄성이 매우 풍부한 단백질 섬유로 피부 탄력과 연관이 있다. 굴절성과 신축성이 강하기 때문에 1.5배가량까지 늘어나며 피부의 파열을 방지하는 스프링 역할이라고 할 수 있다.

- 기질(간충 물질)

콜라겐과 엘라스틴 섬유 사이사이를 메우고 있는 점성이 강한 물질로, 주로 히아루론산과 콘드로이친황산으로 이루어져 있다. 자기 무게의 1,000배 정도 되는 수분을 흡수하며, 진피의 보습인자로서 수분을 유지하고 노화를 방지하는 역할을 담당한다.

- 섬유아세포(결합조직세포)

섬유성 결합조직의 중요한 성분을 이루는 세포다. 주로 진피의 윗부분에 분포하며, 콜라겐섬유와 엘라스틴섬유, 기질을 합성한다. 상처 치료 시 섬유아세포는 콜라겐 생성, 상처 치료 및 수축, 흉터 형성 등의 중요한 역할을 수행함으로써 피부의 재생을 돕는다.

③ 피하지방층

피부의 가장 내층인 피하조직으로, 간단히 피하지방이라고도 한다. 진피와 근육 사이에 위치하며, 영양분 저장, 지방합성, 열 차단, 충격 흡수 등의 역할을 한다.

체온 보호 기능이 있고, 뼈와 근육을 보호하며, 신경과 혈관 등을 통해 진피와도 밀접히 연관된다. 기존에 있던 지방세포가 증식하거나, 지방세포 안에 지방이 축적되는 과정을 거쳐 지방을 합성하고 저장하는 구역이라 할 수 있다. 이 피하지방층은 신체 부위와 성별, 연령에 따라 두께가 모두 다른 것이 특징이다. 일반적으로 여성이 남성보다 두껍고, 중년층은 허리 주변이 가장 두껍다.

2 감각기관

평소 우리가 보고, 듣고, 맡고, 맛보는 모든 감각은 감각기관을 통해서 전달된다. 감각기관이란 외부의 자극을 수용하고, 그 정보를 중추신경과 뇌로 보내 몸의 이상을 알리는 기관을 뜻한다. 일반적으로는 시각, 촉각, 미각, 청각, 후각의

5대 감각을 말한다. 반영구 시술은 피부 감각과 직결되기 때문에 피부의 감각기에 대해 살펴볼 필요가 있다.

1) 피부의 감각기

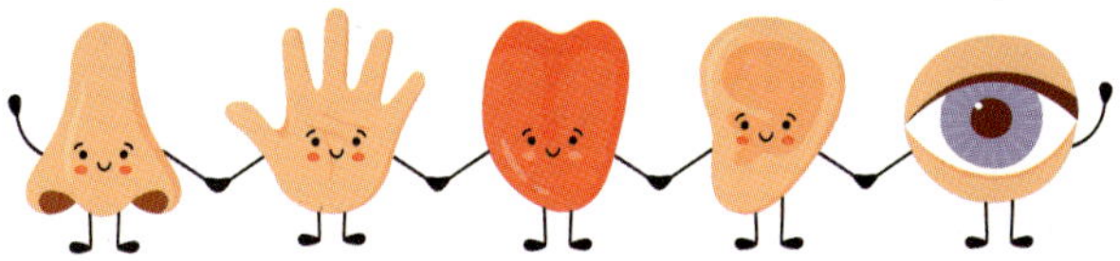

6 skin sense

인체의 보호막 역할을 하는 피부에는 많은 피부 감각기가 존재한다. 피부 감각에는 크게 5개의 세부 감각이 있는데, '온각', '냉각', '촉각', '압각', '통각'이다. 우리는 피부 감각점을 통해 각각 다른 한 가지의 감각만을 느끼게 된다. 통점은 아픔, 냉점과 온점은 온도의 높낮이를, 촉점은 물체의 접촉을, 압점은 누르는 느낌을 캐치한다. 촉각을 느끼는 메르켈소체[25]와 마이너스소체[26]는 피부 근처에 위치하며, 밀도가 높아 예민하게 작용한다는 특징이 있다. 털 자체도 감각기에 속하는데, 털이 조금만 구부러져도 작은 전기 충격이 생기고, 뉴런으로 전달되기 때문이다.

감각점 분포도: 통점 〉 압점 >냉점 〉 온점

피부 감각기

- 온점: 열이 흡수됨을 감지
- 냉점: 열이 빠져나감을 감지
- 통점: 화학물질, 열, 압력 자극을 감지
- 압점: 피부에 느껴지는 압력을 감지
- 촉점: 접촉을 감지

감각점의 분포는 통점이 가장 많고, 압점 · 냉점 · 온점 순으로 많이 분포한다. 표피와 진피로 나뉘는 피부 속에 분화되어 있는 감각세포에서 자극을 느끼게 된다. 일반적으로 면적당 분포된 감각점의 수가 많을수록 해당 부위는 예민하다고 말한다. 감각점은 얼굴과 입술, 손가락 끝 그리고 손바닥에 가장 많이 분포한다.

2) 상처와 통증

실제로 접하는 고객님들의 가장 많은 질문 중 하나는 "많이 아픈가요?"이다. 반영구 화장을 망설이는 가장 큰 이유 중 하나는 '아플 것 같다'는 점이다. 그만큼 반영구 화장에 있어서 통증이 생긴다는 부분은 모두가 알고 있는 사실이다. 그렇다면 도대체, 반영구 화장은 왜 통증을 유발할까?

그 이유는 반영구 화장 시술 방법이 피부 자극을 동반하여 진행되기 때문이다. 반영구는 빠른 감각을 느끼는 작은 감각기관을 자극하여 이루어지는데, 때에 따라 칼에 베이거나, 바늘에 찔리는 듯한 통증이 동반된다. 또한 색소의 알코올과 흡착성분의 피부 자극, 바늘로 인한 마찰열에 의해 스트레스를 받은 피부에서는 외부저항 물질인 히스타민[27]이 분비되어 빠른 방어를 위한 염증반응이 일어난다. 이로 인해 시술 부위가 부어오르거나 따갑거나 화끈거리는 홍반 현상과 작열감 등의 불쾌감을 느낄 수 있다. 더불어 시술 전과 시술 중, 시술 후에 느끼는 통증도 각각 다르다고 볼 수 있다.

반영구 시술 시 통증의 형태

- **시술 전 통증:**
  각종 마취제로 감각을 마비시키는 단계에서 느끼는 가려움, 뜨거움, 화학적 화상
- **시술 중 통증:**
  니들 및 색소 주입을 위해 피부를 당겨주는 단계에서 느끼는 통증
- **시술 후 통증:**
  시술 부위가 부어오르고 데인 듯한 강한 통증

따라서 국소 표면 마취에 대한 전반적인 지식이 반영구 화장의 시술에 대한 성공 여부를 결정한다. 따라서 반영구 전문가가 되기 위해선 마취에 대한 상당한 지식이 요구된다.

① 통증과 긴장도의 관계

통증이란 실제 또는 잠재적인 신체의 손상과 관련된 불쾌한 감각이나 감정적 경험을 의미한다. 그 자체로 질병은 아니고, 하나의 증상으로서 개인적인 통감이라 할 수 있다. 신체가 손상되지 않도록 보호하려는 반응 형태 역시 포함하는 개념이다.

통증은 '긴장도'와도 밀접한 관계를 유지한다. 일반적인 자극과 마찰에 의한 통증보다 그에 관한 '두려움'과 '긴장감'이 통증의 느낌을 더욱 증가시킬 수 있다. 만약 고객이 시술 자체에 대해 불안해하고 있다면 통증방지제의 과다 사용보다 먼저 고객의 심적 불안감을 최소화하는 전문적인 설명이 필요하다.

다시 말해 상처 그 자체보다는 통증과 그 공포가 사람에게 더 큰 영향력을 행사할 수 있다는 것이다. 군인들이 전쟁터로 나갈 때 진통제를 소지하는 이유를 생각해보자. 심각한 상처를 입은 군인에게 상처 치료보다 급한 것은 통증을 줄이는 것이다. 부상이 심할 경우 부상에 따른 통증 때문에 쇼크사할 가능성이 있기 때문이라고 한다. 그만큼 통증을 줄이는 것이 중요하다는 말이다.

통증은 신체적 손상과 관련된 불쾌한 감각이나 감정적 경험으로, 신체를 보호하려는 반응의 일부다. 통증은 두려움과 긴장감과 연관되어 있으며, 이들 감정은 통증을 더욱 심하게 만들 수 있다. 그러나 통증은 신체의 이상 상태를 알리는 '경고 시스템'의 역할을 하므로, 완전히 없애는 것은 바람직하지 않다. 시술자는 고객의 심적 안정을 위해 노력해야 하며, 고객은 시술을 받을 때 심리적으로 안정된 상태를 유지하는 것이 중요하기 때문에 충분한 상담 절차가 진행되어야 한다.

통증으로 나타나는 일반적 신체 변화

혈관의 팽창으로 인한 혈압 상승

- 아드레날린 분비로 얼굴 홍조 발생 및 심장 박동 빨라짐
- 체온 상승
- 모세혈관의 충혈에 의한 피부 및 점막의 붉어지는 발적현상 발생

시술을 진행하는 사람은 전문가의 입장에 서서 여러 상황을 고려해 고객에게 심적 안정감을 주어야 한다. 시술을 받는 고객은 고도의 긴장감이 든 상태가 아닌 심리적으로 안정된 상태를 유지하려 하며 시술받을 준비를 하는 것이 중요하다.

② 상처와 재생

상처는 외상에 의해 피부 구조물이 물리적 손상을 입은 상태로, 화상과 찰과상(긁힌 상처), 자상(찔린 상처), 열상(찢어진 상처) 등을 말한다. 표피층이 손상된 정도라면 자가 치료가 가능하지만, 진피층까지 손상이 있는 경우 전문적인 진료가 필요하다.

상처란 몸을 다쳐 '부상'을 입은 자리나 그 피해의 '흔적'이다. 상처에 따라 통증, 출혈 등의 증세가 일어나게 된다. 사람의 신체는 상처를 입은 경우 그 상해를 빨리 회복하려는 '재생' 능력을 지니고 있다. 생체의 일부가 상실되었을 때 그 부분을 보충하려는 현상이다. 인체의 재생력은 혈액,

혈관, 뼈, 점막이 비교적 강하고, 근육, 연골 등은 약하며, 신경세포나 심근은 재생되지 않는다.

상처가 생기면 우리 몸은 자동으로 치유 과정을 시작한다. 이 과정은 크게 염증, 새로운 조직 형성, 그리고 재구성인 세 단계로 나눌 수 있다.

1. 염증 단계: 상처가 생기자마자 몸은 혈소판을 보내어 혈액이 새어 나가는 것을 막는다. 이 단계에서 혈소판은 응집하여 혈전을 형성하게 된다. 또한, 백혈구들이 상처 부위로 이동하여 감염을 방지하고, 손상된 세포와 세균을 제거하는 역할을 한다. 이 단계에서 진물이 발생할 수 있다.

2. 새로운 조직 형성 단계: 염증이 진정되면, 섬유아세포들이 상처 부위로 이동하여 콜라겐을 생성하고, 새로운 피부 조직을 형성하는 데 도움을 준다. 이 단계에서는 진물이 거의 발생하지 않는다.

3. 재구성 단계: 마지막으로, 새로 형성된 피부 조직이 강화되고 재구성된다. 이 단계에서는 상처 부위가 점차 강화되며, 콜라겐이 재정렬되고, 피부가 최종적으로 치유된다.

따라서 혈소판은 상처가 생기자마자 활동을 시작하며, 진물은 주로 염증 단계에서 발생한다.

- **생리적 재생**

혈구, 표피, 모발, 손·발톱처럼 조직의 결손 유무와는 관계없이 계속해서 새로운 세포, 내지 조직을 보충하는 경우

- **완전 재생**

재생이 이상적으로 이루어져 결손부가 이전과 완전히 같은 상를 재현하는 경우

- **불완전 재생(병적 재생)**

결손이 원상태로 복구되지 않고 원형과는 상이한 육아조직[28]으로 보충되는 경우

③ 상처의 치유과정

상처의 깊이와 범위에 따라 달라지지만, 일반적으로 표피층의 상처는 공기 중에 노출될 경우 6~7일, 습윤이 유지되면 4일 정도 후 회복된다. 상처의 재생, 즉 치유를 위해 일어나는 반응을 단계별로 살펴보면 일반적으로 다음과 같이 나타나게 된다.

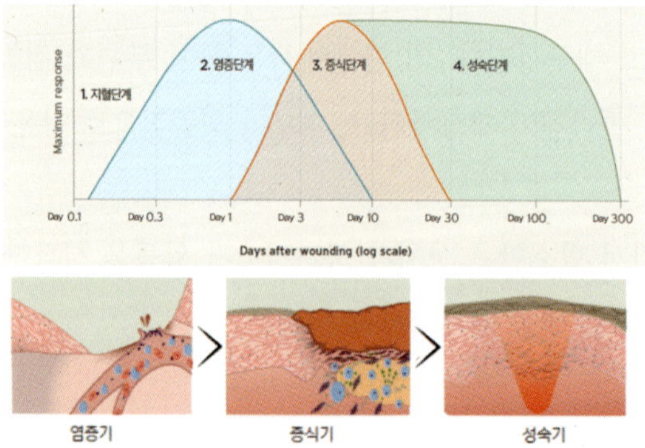

상처의 치유단계 그래프 / 치유과정 이미지 – 예시

• 지혈 단계

손상된 혈관이 빠르게 수축하며, 혈전 기전이 활성화되어 점차 출혈이 멎는다. 초기의 지혈 단계는 혈액과 관련이 깊다. 체내에 침투한 병원균을 백혈구가 감싸 응고되는 방법으로 방어체계를 이루기 때문이다. 상처 치유의 핵심이라 할 수 있는 '혈소판'은 공기에 노출되면 굳어지는 성질이 있다. 혈액이 혈관 밖으로 나왔을 때 젤리 모양으로 굳어지는 현상을 '혈액 응고'라고 한다. 지혈은 '혈관 수축 - 혈소판 마개(platelet plug)[29] 형성 - 피떡(blood clot)[30] 형성'의 단계를 거친다.

• 염증 단계

'염증'은 고대 그리스시대에는 붉게 부어서 열이 나는 상태를, 로마시대에는 통증이 가해진 상태를 지칭하는 등 시대에 따라 조금씩 달라져 왔다. 현재는 '생체 조직이 손상을 입었을 때 체내에서 일어나는 방어적 반응'을 뜻한다. 상처 부위의 '딱지'는 염증 반응의 산물로서, 혈소판 성분이 핏덩어리를 엉키게 하고 굳혀 만든 일종의 자연적 거즈라고 할 수 있다.

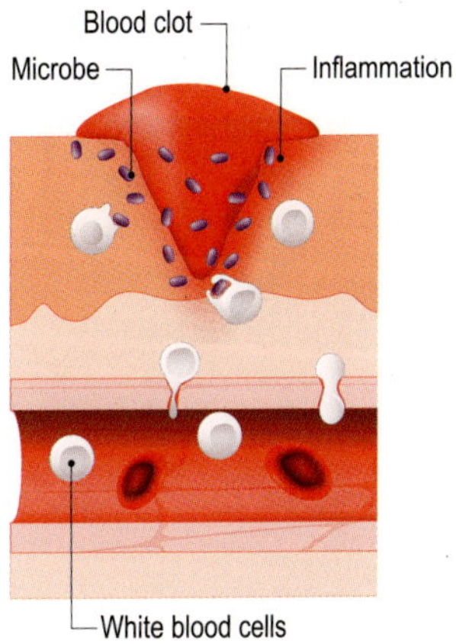

염증 단계는 상처 내의 세균이나 이물질, 괴사조직 등을 제거함으로써 상처 부위를 깨끗하게 하는 단계라고 할 수 있다. 일반적으로 염증 반응은 2~3일에 걸쳐 일어난다. 조직이 손상되면 바로 급성 염증 반응이 오는데, '호중구[31]'와 '대식세포[32]'가 이 단계에서 주 역할을 담당한다. 외부로부터의 감염을 막아줌과 동시에 상처에서 손상되거나 죽은 조직들을 제거한다.

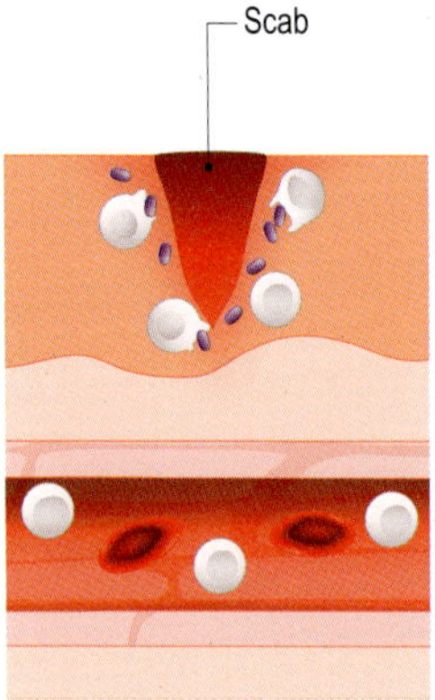

• 증식 단계

지혈과 염증 단계를 거쳐 상처 부위가 깨끗해지면 세포들과 세포외 기질이 증식하게 된다. 이때 새로운 혈관이 생성되고 결손이 생긴 부위가 채워진다. 피부의 여러 상피층이 회복되며, 상처 복구의 기본 골격이 되는 콜라겐을 합성시킨다.

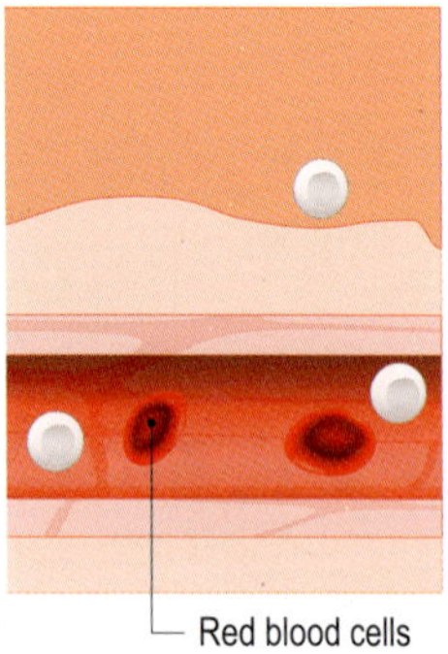

• 성숙 단계

상처 치유의 가장 마지막 단계이며 가장 긴 과정이다. 상처의 성숙이란 수개월에서 수년간 지속되는 동적인 과정이기 때문이다. 성숙 단계에 진입하게 되면 염증세포들과 새로운 혈관의 생성은 사라지고, 콜라겐이 분해와 합성을 반복하며 흉터를 최소화하고 상처를 완전히 회복한다. 이때 콜라겐 분해에 비해 합성이 너무 많이 진행되면 상처 부위가 붉은색을 띠며 솟아오른 '비대성 흉터'나 흉터가 상처 부위를 벗어나서도 계속해서 증식하는 '켈로이드성 흉터'가 생길 수 있다.

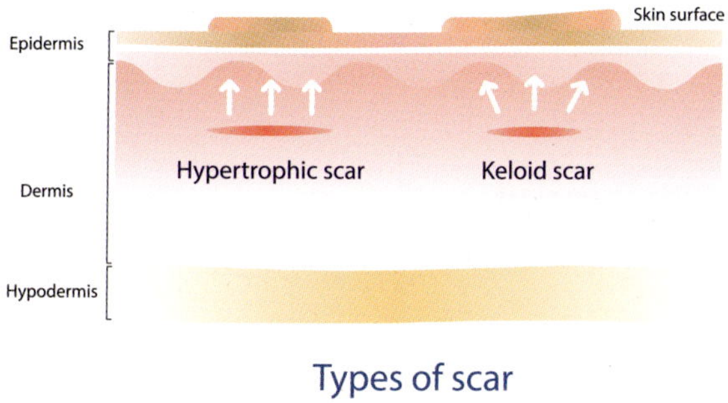

비대성 흉터 / 켈로이드성 흉터 이미지

흉터가 덜 지게 하고, 색을 안착시키기 위해서는 상처 부위가 너무 건조하지 않도록 유지해주어야 한다. 습윤 환경이 피부의 딱지 생성을 막아주기 때문에 회복 후에 흉터가 적게 남게 된다. 상처 부위에 물이 닿는 것은 큰 위험성이 없지만, 장시간 물에 노출되면 2차 감염이 일어날 수 있다.

상처의 치유과정에 영향을 주는 요인으로는 신체의 나이, 영양 상태, 감염 여부가 있다. 아동기보다 성인기로 갈수록 치유가 더뎌지며, 세포의 변성이 심해진다. 상처의 치유과정에는 영양소의 공급이 충분히 뒷받침되어야 하는데, 영양 실조로 인한 식이성 단백질의 결핍은 면역기능의 저하를 가져온다. 또한 감염은 염증 단계를 연장시키기 때문에 상처 치유가 더뎌지게 만드는 요인이다.

2 통증방지학

미국의 많은 주에서는 반영구 아티스트로 활동하기 위해 전문적인 '통증방지학' 수업을 필수적으로 이수해야 한다. 그만큼 반영구 화장에서 통증을 줄이고 방지하는 것이 필수적이고 중요한 과정임을 이해할 수 있다.

1 마취

1) 마취의 정의

마취란 그리스어로 '무감각' 을 의미하며, 의식, 감각, 운동 및 반사작용을 차단하는 행위를 뜻한다. 의학적으로 통증의 경감 또는 차단을 위해 사용되며, 마취의 종류로는 전신마취, 국소마취, 부위마취, 부분마취가 있다. 반영구 화장에서 사용되는 유형은 이중 '국소 표면 마취'에 해당한다.

마취가 모든 사람에게 정상적인 효과를 불러일으킬 수는 없다. 개인차가 있기 때문에 각기 다른 부작용이 발생할 수 있다. 따라서 시술 전 마취로 인해 일어날 수 있는 모든 부작용에 관한 사전 설명이 필요하다는 점을 유념해야 한다.

여기서 잠깐

마취의 일반적인 부작용!

- 국소마취 크림의 피부 반응
  (두드러기, 피부 변색, 부기, 발진, 발작, 가려움, 자반증 등)
- 두통, 현기증, 발열 및 구토
- 발진, 화상, 혈색 변화, 부종
- 온도 감각 둔화

① 마취제를 사용하는 이유

시술을 받는 고객은 마취제를 사용함으로써 편안한 상태가 될 수 있다. 단 마취제를 사용하는 목적은 그저 '편안함'에서 그치지 않는다. 바로 시술의 완성도가 이 마취 과정에 영향을 받기 때문이다.

건강한 피부는 외부물질의 침투를 막는 강력한 장벽으로 이루어져 있다. 앞서 살펴본 바와 같이 신체에서 가장 큰 조직인 피부는 외부의 통증, 온도, 접촉 및 압력 등의 자극을 감지하며 보호와 지각의 생리작용을 하게 된다. 마취제를 사용함으로써 감각을 잠시 둔하게 만들어 편안한 심리상태를 조성하고, 움직임을 최소화해 더 완벽한 시술 결과를 얻을 수 있다.

단 피부 상태와 노화 정도에 따라 마취의 발현 시간은 달라지기 때문에, 고객에게 예상되는 부분들을 설명함으로써 차후에 일어나는 불편한 문제들을 줄일 수 있다. 마취제 사용 시 통증의 정도 및 예상되는 반응을 사전에 안내해야 하며, 통증의 정도를 '숫자 범위'로 설명하는 것이 가장 좋다.

예를 들어, "통증이 0부터 10까지라고 할 때 마취 후 느껴질 통증은 3에서 7 정도"라고 설명하는 편이 고객이 받아들이기에 더 편안하다는 것이다.

- 전신 마취:
수술이 필요한 환자에게 사용
- 부위 마취:
피부에 주사해 신경계에 작용시켜 신체 일부분에 작용(반드시 마취 전문의에 의해 시행됨)
- 부분 마취:
피부에 주사해 어느 국부에 한정되어 작용(반드시 마취 전문의에 의해 시행됨)
국소 마취:
피부에 젤이나 액상 형태의 마취제를 도포시켜 작용(상처가 있더라도 사용 가능)

② 마취의 종류

반영구 화장에는 다양한 마취 기법 중 '국소 표면 마취'가 사용되는데, 제한된 피부 부위에 젤 또는 액상 형태의 마취제를 도포하는 방식이다. 국소 마취 방식을 사용하는 이유는 피부에 미세한 상처가 있더라도 시술 중에 반복적인 사용이 가능하기 때문이다. 국소 마취에는 '-Caine계' 물질을 사용하는데, 이는 자극을 감지하고 전달하는 작용을 막음과 동시에, 전도를 약화해 운동 신경의 충격 신호 전달을 막는다. 그 결과 마취된 부분의 감각이 둔화하며 아픔을 느끼지 못하게 된다.

주사 방식의 '부위 마취'나 '부분 마취'를 사용할 수 없는 이유는 색소의 착색과 관련이 있다. 마취 후 피부층의 과다한 팽창으로 인해 색소 착색에 방해가 될 수 있고, 주삿바늘에 의해 마취 성분이 표피와 진피층 사이에 들어가 최상의 착색 효과를 볼 수 없기 때문이다.

③ 국소 마취제의 종류와 특징

여기서 가장 많이 받는 질문은 "과연 어떤 제품의 마취제를 사용해야 하는가"이다. 결론부터 말하자면 '어떤 마취제를 얼마나 사용해야 하는지'는 고객의 연령, 몸무게, 통증에 대한 전반적인 인내력 그리고 심리상태에 따른다.

현재 가장 많이 사용되고 있는 제품들을 소개함으로써 적절한 마취제를 선택할 수 있는 폭을 넓힐 수는 있지만, 판단은 고객에게 맞는 제품으로 선택해야 함을 명심해야 한다. 또한 좋은 마취 효과를 보기 위해선 최선의 마취제 선택도 중요하지만, 아무리 좋은 마취제라고 하더라도 적절한 준비와 좋은 기술이 없으면 효과를 보기 힘들다.

국소 마취제의 성분은 크게 리도카인, 테트리카인, 에피네프린으로 나눌 수 있다. 이들이 얼마만큼 함유되어 있는지에 따라 마취제의 종류를 선택하게 된다.

- **리도카인**

염산염으로 작용 발현이 빠르며, 작용 지속시간은 보통 이다. 주사로는 0.5~2%, 표면 마취로는 4~10% 정도 사용된다.

- **테트리카인**

작용 발현이 느리고, 작용 지속시간은 길지만, 독성이 강한 편이다.

• **에피네프린**

에피네프린은 아드레날린과 같은 호르몬으로, 국소적 마취제와 결합 시 혈관 수축과 혈류 감소로 마취 지속 시간을 늘리고 출혈을 제어하는 기능을 수행한다.

국소 마취제가 신경섬유의 통증 감각 전달을 차단하면서 해당 신경들이 분포된 부위의 운동마비와 억제가 나타난다. 국소 마취제는 부작용이 다른 마취제에 비해 적은 것으로 알려졌지만, 나이가 많은 환자나 소아 환자, 심장질환자에게는 반드시 사용에 주의가 필요하다.

국소 마취제에도 도포용과 주사용이 있는데, 그중에서 '도포 국소 마취제'가 반영구 시술에 사용된다. 도포 마취제는 작용시간이 짧고, 점막 부근이나 상처 부위에도 사용이 가능한 것이 특징이다. 연고와 용액, 스프레이제 형태로 시중에 나와 있다. 적은 부위에 얇게 적용하는 것이 관건으로, 사용상의 알레르기 반응과 유통기한에 주의하여야 한다. 일반적으로 성공적인 마취를 위해서는 개개인의 상태와 도포되는 양, 도포되는 마취제의 종류, 흡수 속도, 환자의 투여약물 등을 살피는 것이 중요하다.

여기서 잠깐

추천 마취제

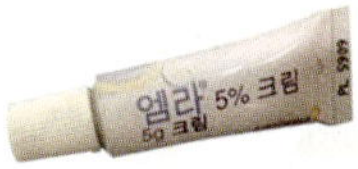

출처: 약학정보원

- 엠라 5% 크림

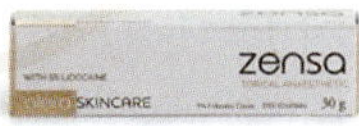

출처: AMAZON

- ZENSA TOPICAL ANAESTHETIC

출처: HELIOS

- BLUX GEL

출처: Wenshen

- NUM QUICK PINK

출처: PERMANENT MAKEUP SHOP

- tag#45

출처: PERMANENT MAKEUP SHOP

- SUSTAINE

출처: LASH VEGAS

- INSTANYNUMB

출처: PERMANENT MAKEUP SHOP

- NUMPOT GOLD

※미국에서 많이 사용되는 통증방지제를 중심으로 선정된 제품 리스트이다.

건강한 피부 점막세포는 거친 세포층을 가지고 있어 대부분의 마취 물질이 표피를 통과하는 것을 막아주기 때문에, 안쪽 팔꿈치 또는 귀 뒷부분에 패치 테스트를 통해 알레르기 반응을 확인하는 것이 좋다.

Tip!

국소 마취제 사용 시 주의사항!
피부에 상처 혹은 손상이 생긴 경우 다른 마취제를 사용해야 하므로 시술 시 두 종류의 마취제를 준비해야 한다.

2) 마취의 역사

'마취(Anesthesia)'의 어원은 희랍어로 '감각의 상실'을 의미하며, 'without(an/무)'과 'sensation(sence/감각)'의 복합어다. 1세기경 그리스 의사이자 식물학자였던 '페다니우스 디오스코리데스'가 처음 사용한 것으로 전해지고 있다. 그는 환자에게 만드라고라[33]의 뿌리로 만든 술을 마시게 한 후 수술했는데, 그때 환자가 통증에 거의 반응하지 않았다는 데서 착안하게 된다.

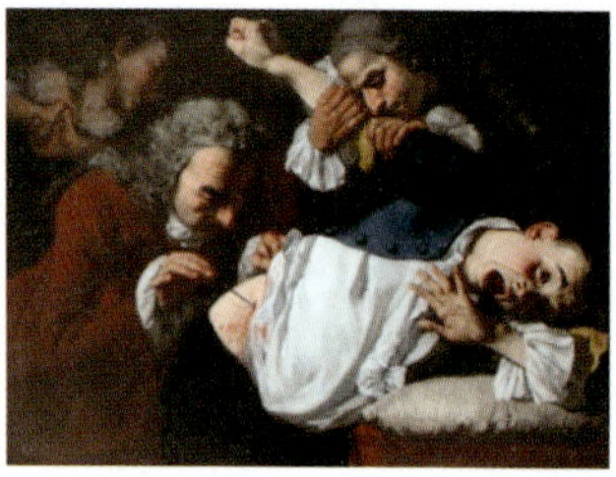

오늘날 수술 전 마취는 필수적인 단계로 자리매김하고 있다. 큰 수술이 아니더라도 사랑니를 발취하거나, 반영구 화장에서도 마취는 일상적으로 사용되고 있다. 그렇다면 마취제가 없던 시절에는 어땠을까?

고대인들은 생아편, 만드라고라의 뿌리 또는 코카잎, 알코올, 최면 등의 주술행위를 통해 고통에서 벗어나려고 하거나, 두부에 타박, 충격 등을 가하여 실신 상태로 수술을 진행했다. 그러나 이런 방법들은 안정성이 크게 떨어지기 때문에 사망으로 이어지는 일이 잦은 문제점으로 이어졌다. 따라서 마취제가 없던 시절에는 수술이 끔찍한 공포의 대상이었다.

버트 리스턴의 수술 장
[Robert Liston] (1794~1847)
일생을 해부학에 종사한 영국(스코틀랜드)의 외과의사. 에테르 마취를 유럽에서 처음으로 행하고 절단용 메스를 고안했다.

19세기 후반에 이산화질소, 에테르, 클로로포름[34]과 같은 흡입 마취제가 개발되면서 본격적으로 '마취'라는 개념이 생겨나기 시작했다. 흡입 마취란 인체 유입이 용이한 기체를 이용하는 것으로, 시간이 지나면서 많은 임상시험의 결과로 위험성이 드러났다.

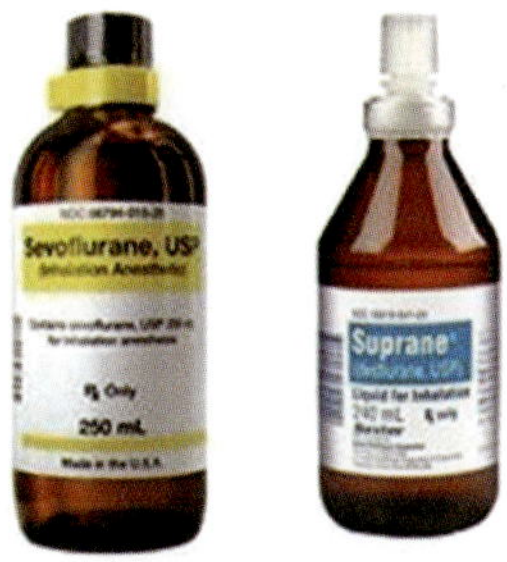

콜로로포름/에테르

반영구 시술에 사용되는 것은 환자의 의식이 깨어 있는 상태에서 신체 특정 부위의 감각을 차단해 통증을 느끼지 못하게 하는 '국소 마취'. 국소 마취제에는 대표적으로 천연자원의 코카인과 부작용을 제거하기 위해 합성된 '합성 국소 마취약(프로카인, 리도카인 등)'이 있다.

1860년 독일의 '알버트 니만'이 처음 코카나무 잎에서 신경을 흥분시키는 코카인을 분리하고, 1943년 스웨덴의 화학자 '닐스 뢰프그렌'이 현재의 아마이드 형태의 리도카인을 합성하기까지, 많은 시행착오 끝에 개발된 마취기법 중 하나다. 국소 마취제의 구조가 변함에 따라 마취제의 작용시간은 물론, 독성, 마취제의 효력, 마취의 확산 및 마취 심도 등의 다양한 변화가 뒤따랐다.

여기서 잠깐

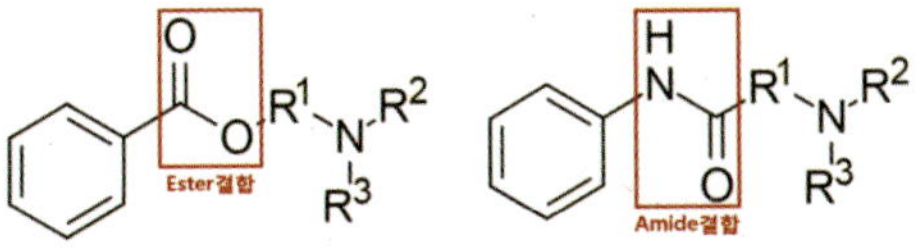

에스테르(ester)형 국소마취제 아마이드(amide)형 국소마취제

그림 1. 국소마취제의 구조식

국소 마취제의 구조식

화학 구조에 따라 에스테르(ester)형과 아마이드(amide)형으로 구분할 수 있다. 에스테르형 국소 마취제는 혈장의 효소에 의해 신속하게 분해되어 작용 지속시간이 비교적 짧고, 아마이드형 국소 마취제는 간의 효소에 의해 분해되며 작용 지속시간이 비교적 길다.

3) 반영구 시술의 마취

높은 수준의 반영구 시술이 이루어지기 위해선 우선 '효과적인 마취'가 전제되어야 한다. 반영구 시술 중 발생되는 통증으로 인해 표정이 일그러진다면 시술에 어려움이 생길 수 있다. 그렇다면 보다 효율적인 마취를 위해 고려해야 할 것들에는 무엇이 있을까?

① 국소 마취 시 고려해야 할 사항

마취의 기능을 이해하기 위해서는 피부조직의 이해 또한 필요하다. 마취제의 표피 통과성은 각질층의 두께, 수화 정도, 온도와 결합 상태에 따라 직접적인 영향을 받기 때문이다.

> **Tip!**
>
> 마취제의 표피 통과성에 영향을 주는 요인!
>
> - 제품의 농도
> - 제품과 피부의 pH 정도
> - 시술 부위에 도포된 마취제의 양
> - 각질층의 기계적·화학적인 환경 요소
>   (예: 태양에 노출된 광노화성 피부는 각질층이 두껍고 투과성이 나빠지게 된다)
> - 피부 표면의 스크래치
>   (예: 스크래치 등으로 각질층 구도에 변화가 있을 경우, 투과성이 높아진다)
> - 나이가 들수록 두꺼워지는 각질층
>   (예: 나이가 들수록 각질층이 두꺼워지는 등 피부 나이와 관련이 있다)
> - 랩핑 등의 밀폐요법
>   (예: 시술 부위의 체온 상승 발산을 촉진 시켜 투과성이 높아지게 만든다)

아무리 좋은 마취제라고 하더라도 적절한 준비와 좋은 기술이 없으면 최선의 효과를 보기 어렵다는 것은 자명한 사실. 신체에 직접 가해지는 시술이기 때문에 무엇보다 시술자의 기술력이 중요하다고 볼 수 있다. 마취에 대한 충분한 숙지 후 고객에게 자세한 설명으로 불안을 줄여주는 것이 성공적인 반영구 화장의 첫걸음이다.

② 반영구의 통증방지제 사용

통증방지제 사용 후에 피부가 붉게 변하는 모습을 볼 수 있는데, 이는 민감한 피부가 연화되는 '번 현상'이다. 피부 방어벽이 허물 벗겨지듯 손상된 자리에는 때때로 색소가 착색될 수도 있다. 피부에 스크래치를 낸 후 반영구 색소를 피부에 착색시키는 원리도 이와 같다.

대부분의 반영구 화장을 위한 국소 표면 마취제들은 pH 산도가 알칼리를 띠며, 피부를 민감하게 만들고, 탈각 후 색소 변색의 요인이 되기도 한다. 따라서 과도하고 빈번한 횟수의 통증방지제 도포는 추천하지 않는다. 많은 타투이스트가 통증방지제를 바르지 않고 작업하는 이유도 더욱 선명하고 영롱한 색감 표현을 위해서라고 한다.

(이하 내용 관련 - ex. 다른 착색 결과/pH 산도)

해외의 한 논문에서도 색소는 피부의 pH 산도가 약산성일 때, 착색률이 우수하다는 것을 증명한 연구가 있음을 확인할 수 있다. 실제로 건강하고 아름다운, 탄력 좋은 피부는 약산성인 경우가 많다. 반대로 해석하면 피부 방어벽이 무너진 민감성 피부는 알칼리를 띠는 경우가 많다는 의미이기도 하다. 또한 약산성이 아닌 산성 피부에 해당하는 지성 피부도 마찬가지로 좋은 피부라고 보기는 어렵다.

그러한 이유로 똑같은 '초코브라운' 색소를 쓰더라도 약산성을 띠는 좋은 피부에선 자연스러운 갈색 눈썹 색깔이 구현되지만, 알칼리나 지성 피부엔 잿빛의 결과물이 나타날 수 있다.

통증방지제를 많이 바를수록 효과가 더 뛰어나다? 그것은 사실이 아니다. 도포 전 피부의 유·수분을 충분히 제거해주고, 가볍게 도포하는 것만으로도 충분한 효과가 있다.

결국 통증방지제는 화장품의 흡수율과도 같기에 용도에

맞게 제형을 선택해서 사용해야 한다. 체온에 의해 녹는 형태는 눈에 흘러 들어갈 수 있기에 적합하지 않고, 과도한 리도카인과 에피네프린 함량이 높은 통증방지제는 피부를 연화시켜 화상과 같은 상처를 남길 수도 있다. 적정량의 통증방지제와 도포 시간만 잘 준수한다면 효과적인 작업이 가능하다.

2 재생

1) 재생 크림의 사용

"재생 크림 꼭 발라야 하나요?"라는 질문엔 "Yes"라고 대답할 수 있다.

반영구 시술은 기구를 사용해서 피부 표면에 상처를 내 색소를 삽입하는 기술이다. 앞서 살펴본 것처럼 마취는 일시적인 감각마비를 위해 사용되는 절차로서, 감각이 마비되었다고 해서 피부에 직접적인 영향이나 손상이 없는 것은 아니다. 따라서 반영구 시술 후에 회복과 재생의 시간이 꼭 필요하다.

> **Tip!**
>
> **상처의 재생에 영향을 주는 요인!**
>
> **- 연령, 기후, 외부 온도의 차이**
>
> 피부의 재생 주기는 평균 28일 정도이지만, 나이와 주변 환경에 따라 차이가 발생한다.
>
> **- 대식세포 활성화의 차이**
>
> 상처의 치유 속도는 대사량이 좋은 사람일수록 빠르다. 또 콜라겐 합성과 섬유아세포 분화 능력이 뛰어난 신진대사율이 좋은 사람일수록 재생이 빠르다.

일반적으로 상처가 치유되는 과정은 '피부학-2-2)-②'에서 살펴본 것처럼, '지혈 - 염증 -증식 - 성숙'의 단계를 거치게 된다. 반영구 화장 후에는 피부 손상과 염증 완화, 수분 보충 및 보호막 형성, 그리고 피부 재생 촉진을 위해 재생 크림을 발라야 하며, 개인의 피부 상태와 시술 방법에 따라 전문가의 조언을 따르는 것이 중요하다.

#작열감과 부기완화, 상처 재생과 보호를 위한 코코 카밍밤을 추천

반영구화장이나 타투 시술 후 피부에 색소가 침착되어 피부 표면이 손상을 입게 된다. 이때 재생 크림을 사용하면 피부를 빠르게 진정시키고 세포를 재생시킬 수 있다.

재생 크림의 주요 기능은 다음과 같다.

- 피부 진정 및 재생 효과
- 피부 장벽 개선
- 보습 및 상처 치유
- 착색된 색소 보호

피부 재생 주기는 약 28일 주기로 새로운 세포로 교체되는데, 이를 '피부의 턴오버'라고 한다. 어린아이는 약 1주일, 10~20대는 약 1개월, 나이가 들수록 점점 더 길어진다. 또한, 자외선 손상이나 에스트로겐 감소 등 피부 내외부의 변화가 이 재생 주기와 각질 탈락 과정에 영향을 미칠 수 있다. 반영구화장 시술 후 재생 크림을 사용하면 피부 진정, 재생, 장벽 개선 등의 효과로 부작용 위험을 줄이고 시술 효과를 극대화할 수 있다.

2) 재생 크림과 재생 연고의 차이

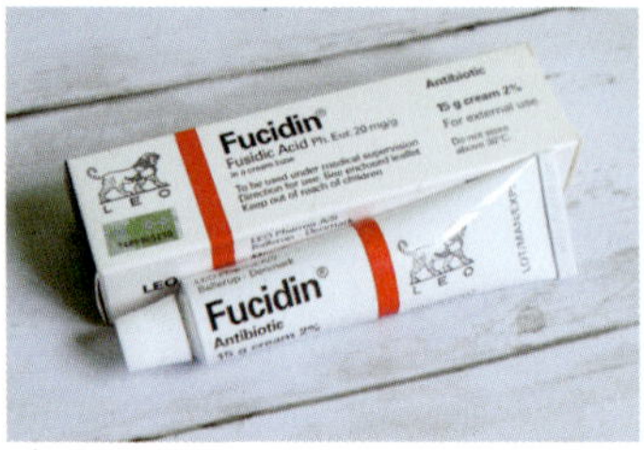

반영구용 재생 크림은 반영구 시술 후 애프터 관리 크림으로 시술 후 상처 회복과 함께 착색의 효과를 높여주는 제품이다. 상처가 아무는 과정에서 수분을 많이 빼앗기기 때문에 시술 부위가 건조해졌다거나 가려울 때 피부에 스며드는 정도로만 관리하는 것이 좋다. 유·수분 밸런스를 맞추기 위한 목적으로 생각하면 된다.

여기서 잠깐

<제품추천>

#코코카밍밤

하지만 상처가 치유되며 겪게 되는 '염증반응 단계'에서는 상처 부위의 산소량이 증가하고, 혈류량이 많아지며, 세균 등 2차 감염의 우려가 있다. 이런 위험들로부터 상처 부위를 보호하기 위해서는 '재생 연고'를 발라주는 것이 좋다.

여기서 재생 연고란 흔히 알고 있는 후시딘과 마데카솔이다. 대부분 이 두 가지를 '브랜드만 다른 것'이라고 많이들 생각하지만, 사실 상처에 바르는 의약품이라는 점 외에 쓰

임새와 효능은 각기 다르다. '후시딘'은 세균에 대한 항균력이 강하고, 침투력이 높아 딱지 위에 발라도 되며, 항생제 성분이 들어있어 1차 감염을 막는 용도로 사용하기에 좋다. 일명 호랑이풀, 병풍추출물이라고 불리는 센텔라 성분이 들어있는 마데카솔은 식물 성분으로 흉터 방지에 효과적이며, 상처가 어느 정도 아물고 난 뒤에 손상된 피부 방어벽을 재생하는 목적으로 사용하기 좋다.

후시딘과 마데카솔은 불가피한 경우 사용해도 되긴 하지만, 재생성분이 많아 새살을 돋게 하기 때문에 착색을 방해할 수 있다. 따라서 반영구 시술 후에는 가벼운 보습과 재생을 돕는 '재생 크림' 또는 천연 무해 성분인 '코코넛 크림'을 추천한다. 단 과도하게 많이 바른 재생 크림 또는 유·수분 보습제(예: 바셀린)는 오히려 착색을 방해하기 때문에 적정량만 사용해야 한다.

쉬어가기 2

추진력을 상징하는 입술

• 큰 입

대체로 생각이 크고 호탕한 성격이다. 결단력과 행동력이 강해 리더의 역할을 잘한다. 가정적인 편이며, 여성의 경우 용기가 뛰어나고 기개와 풍모가 있다.

• 작은 입

창의력과 예술성이 강하다. 인내심이 강해 일을 끈기 있게 진행하겠지만 남에게 의지하려는 마음이 강한 편이다. 경쟁보다는 평화를 추구한다.

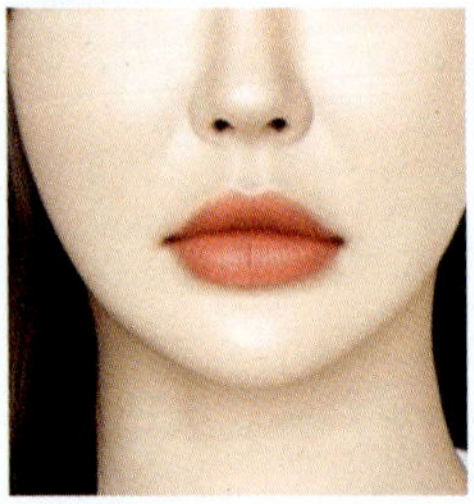

• 입꼬리가 내려간 입

고집이 세서 다른 사람과의 소통이 원활하지 못하고, 경쟁심과 의지가 강해 자수성가로 출세하는 사람이 많다.

• 입꼬리 올라간 입

긍정적이고 사교성이 좋아 인기가 많다. 성실하여 생활이 안정적이다.

• 얇은 입술

감성적이라기보다 이성적인 편이다. 자기 일에 대한 야망이 있고, 최선을 다하는 노력파로 밝고 말이 많은 성격의 소유자다.

• 두툼한 입술

정이 많고 친절하다. 자기애가 강하고, 자존감도 높은 편이다. 적극적이고 리더십이 강해 주변에 사람이 많다.

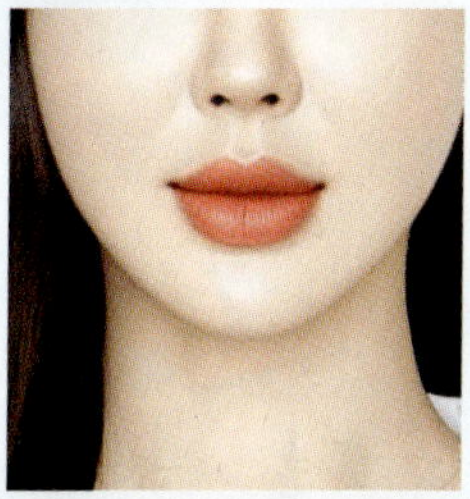

• 입술 산이 뾰족한 입술

보이는 면은 솔직하고 예민하지만, 내면은 감성적이고 여려서 눈물도 많다. 마음이 따뜻하며 감수성이 풍부한 편이다.

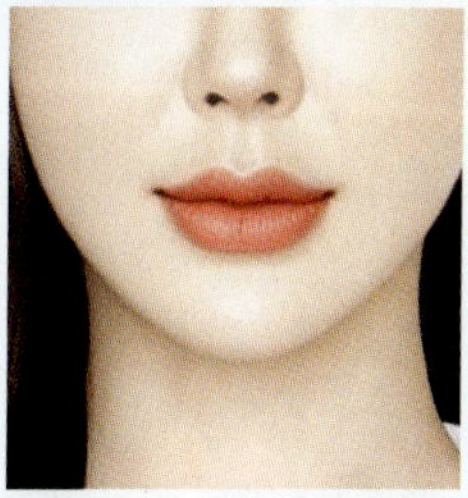

• 동그란 입술

배려심이 많고 남을 잘 도와주는 편이다. 자기주장이 뚜렷하며 남의 시선을 신경 쓰는 경향이 있다.

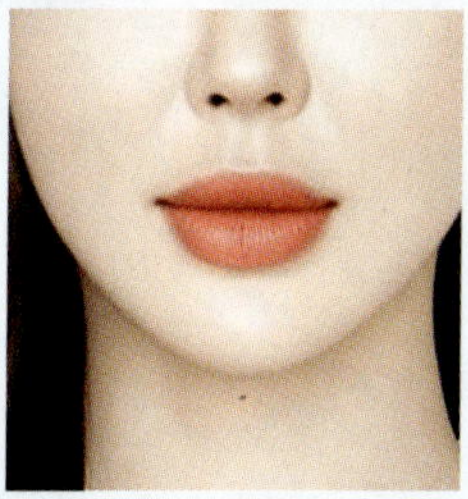

3

CHAPTER

반영구 화장이란?

24년 전, 내가 처음 눈썹 문신을 배울 때는 동네 미용실에서 몰래 시술을 하던 시절이었다. 사촌 언니는 동네에서 알아주는 패셔니스타였지만, 정보가 부족한 시절이라 아무 곳에서 아무렇게나 받은 잘못된 시술로 인해 눈썹을 볼 때마다 한숨을 쉬었다.

그러던 어느 날, 미대생이었던 나는 미용실을 운영하던 친구의 어머니께 재미로 배운 눈썹 문신 기술로 언니의 눈썹을 다시 예쁘게 만들어 주었다. 언니는 거울을 보고 감탄하며 말했다.

"와, 이제 진짜 사람 같네! 너 그런데 진짜 금손 같아!"

그 후, 언니의 이미지는 눈썹 하나 바꿨을 뿐인데도 맑고 순수하게 바뀌었고, 자신감이 넘쳤다. 언니의 삶은 큰 변화를 맞이했고, 결국 자신의 패션 블로그까지 시작하게 되었다. 그 블로그는 엄청난 인기를 끌었으며, 사람들은 언니 눈썹에 대해 많은 문의를 주었다.

한 번은 언니가 진지하게 말했다.

"눈썹 하나 때문에 우울했던 이미지가 싹 바뀌니까 사람 팔자가 바뀌는 것 같아. 너 이 일 절대 그만두지 마! 너 같은 손재주면 완전 대박 나서 대한민국 1등이 될 거야."

반영구 화장이라는 명칭도 없던 시절, 24년 전 눈썹 문신을 배워 현재까지 이 일을 업으로 하고 있다. 대한민국 최초로 라스베가스 PMU 컨퍼런스와 일본, 콜롬비아, 뉴욕, 엘에이 등 세계 무대에서 강의를 하게 되었다. 작은 시작이었지만, 이제는 전 세계에서 인정받는 전문가로 성장했다. 이 모든 것은 눈썹 하나로 사람의 삶을 바꿀 수 있다는 믿음과 열정 덕분이었다.

이것은 기적같은 나의 성공 신화다. 앞으로도 더 많은 사람들에게 자신감을 심어주며, 그들의 삶에 긍정적인 변화를 가져오는 여정을 계속할 것이다.

1 반영구 화장의 모든 것

1 반영구 화장의 과거

누구나 자신이 꿈꾸는 모습을 마음에 품는다. 그 모습을 닮아가고 싶은 욕구로 누군가를 롤모델을 삼기도, 모방하기도 하며, 또 자신을 가꾸기도 하면서 우리는 '나'라는 존재를 만들어간다. 조금 더 나은 나로 변신하고 싶은 욕망은 사람이 발전하는 계기가 되어주기도 한다. '화장'을 하는 데는 여러 이유가 있겠지만, 이런 맥락에서 본다면 일종의 자기 표현이라고 말할 수 있다.

인류가 언제부터 화장을 해왔고, 반영구 화장은 언제부터 이렇게 선호되었는지를 알면, 반영구 시술이 어떤 역할 수행을 할 수 있는가도 알게 된다.

1) 화장의 역사

스페인 남부의 한 지방에서 발견된 조개껍데기. 그 안에는 화장품으로 추정되는 물질 담겨 있었다. 미국 국립과학원회보(PNAS)에 발표한 논문에서 5만 년 전 '네안데르탈인'이

화장을 했다는 증거라고 보는 주장도 있었다. 사실이든 아니든 인간은 우리가 인지하는 것보다 훨씬 오래전부터 자신을 치장하는 행위를 해왔다는 것만은 분명하다. 화장은 강한 햇빛으로부터 몸을 보호하기 위해 시작되었으며, 계급사회에서 신분을 나타내는 의미로도, 종교의식에서는 주술적인 효과를 위해서 사용되었다.

The shells were coated with residues of mixed pigments

그림 위부터
고대 조개
베를린 박물관에 전시된 네페르티티 왕비 흉상
영화 〈클레오파트라〉 등

고대 이집트는 현존하는 화장에 대한 가장 오래된 기록을 보유한다. 이집트 피라미드에서 발견된 벽화 속 눈화장이 짙은 남녀의 모습은 영화 등의 매체를 통해 이미 우리에게 익숙하다. 기원전 7500년 전 이집트인들은 사막의 뜨거운 모래바람을 견디기 위해 눈화장을 했다. 눈 밑을 검게 칠해 눈을 자극하고 눈물을 흘려 건조함을 극복하려는 '목적'과 눈 화장을 하면 신으로부터 보호받는다는 '믿음'이 담긴 종교적이고 의학적인 행위였다. 불에 구운 아몬드와 안티모니(콜, kohl), 헤나, 적갈색 황토 등이 사용되었다. 특히 클레오파트라 시대에는 강한 눈 화장이 유행했고, 미적 효과와 사회적 계급을 표시하는 목적으로 메이크업과 헤어를 이용했다.

고대 그리스에서는 하얗게 보이기 위해 흰 납 가루(백연광[35])로 피부를 칠했는데, 납중독에 걸려 목숨을 잃기도 했다. 노동하지 않는 상류층일수록 하얀 피부를 가졌고, 이는 곧 부의 상징으로 여겼기 때문이다.

로마시대는 화장의 개화기라 할 정도 화장이 크게 유행했다. "화장하지 않은 여성은 소금을 치지 않은 음식"이라는 말이 있을 정도로 많은 시간을 치장에 투자했다.

중세에 들어 가톨릭 금욕주의가 퍼지면서 외모를 치장하는 행동은 정숙하지 못한 것으로 여겨지며 조금 주춤하는 듯했지만, 14~16세기 르네상스를 맞이하면서 다시 화려한 화장의 시대가 도래하게 된다. 이 시기 여성들은 빨간 머리 가발을 쓰고, 입술과 볼을 장밋빛으로 물들였으며, 향수가 필수 아이템으로 떠올랐다.

패션의 아이콘으로 불리던 엘리자베스 여왕은 당대 여성들에게 패션과 화장을 유행시킨 것으로 유명하다. 얼굴은 창백하게, 눈썹은 가늘고 길고, 연하게 표현했다. 달걀과 백납 가루, 유황을 섞은 파운데이션과 붉은 납 가루로 만든 노즈 섀도가 사용되었는데, 위험성이 높은 화장법이었다.

18세기 로코코시대의 여성들은 파우더, 아이브로우, 루즈, 치크 등을 다양하게 사용했다. 불룩한 뺨을 연출하기 위해 호두를 입에 물기도 하고, 숱이 적은 눈썹을 보충하기 위해 인조 눈썹을 붙이기도 하는 등 미에 있어 열정적인 모습을 보였다.

그림 위부터
영국, 엘리자베스 여왕 1세
프랑스, 마리앙투아네트

동양으로 넘어와서 중국에서는 기원전 3000년경부터 화장을 한 것으로 전해지는데, 손톱으로 계급을 구별했다고 한다. 눈썹과 입술, 볼 화장을 주로 했으며, 경국지색으로 불린 양귀비는 살구씨 가루와 사향, 달걀흰자 등을 섞어 발랐다고 전해진다. 일본의 전통적인 게이샤 화장법은 흰 분으로 얼굴을 칠하고, 눈과 입술을 붉게 물들이는 것으로 현재까지 이어지고 있다.

우리나라의 경우 〈삼국사기〉에서 화장한 기록을 찾아볼 수 있다. 고구려인들을 꽃잎을 찧거나 광물질 가루를 물에 개어 연지를 만들어 발랐고, 고구려 고분벽화에서도 그 흔적을 찾을 수 있다. 백제는 하얗게 분을 바르는 화장이 발달했으며, 신라에서는 볼과 입술에 연지를 바르고 나뭇재와 기름을 섞어 눈썹을 그렸다. 특히 신라에선 남성도 화장했는데, 문무가 뛰어난 미소년 위주로 선발된 '화랑'은 흰 가루분과 눈, 뺨을 붉게 하는 화장을 했다.

그림 위부터
중국, 고대 화장법
일본, 게이샤
한국, 화랑

이처럼 기록 이전부터 사람들은 화장이라는 것을 해 왔다. 화장만이 아니라 의상과 장신구 등 외모를 가꾸고 꾸밀 수 있는 도구들은 오랜 기간 변화와 발전을 거듭해 왔다. 아름다워지고 싶은 마음은 누구에게나 있다. 단지 시대마다 아름다움의 기준이 달라질 뿐이다.

요즘 '그루밍족'이라는 말이 흔하게 사용된다. 그루밍(grooming)이란 마부가 말을 빗질하고 목욕시켜 말끔하게 꾸미는 데서 유래한 말로, 동물의 털 손질과 몸단장을 뜻하는 단어다. 최근 들어 '패션과 미용에 아낌없이 투자하는 남성'들을 지칭하는 신조어로 사용되고 있다. 그루밍족의 등장도 특이한 일이 아니다. 이 또한 나를 가꾸고 꾸미는 수많은 방식 중 하나라고 할 수 있다.

2) 문신의 역사

1980년대 시작된 반영구 화장의 역사는 그리 길지 않지만, 그 기원이 된 문신의 역사는 훨씬 오래전부터 찾아볼 수 있다.

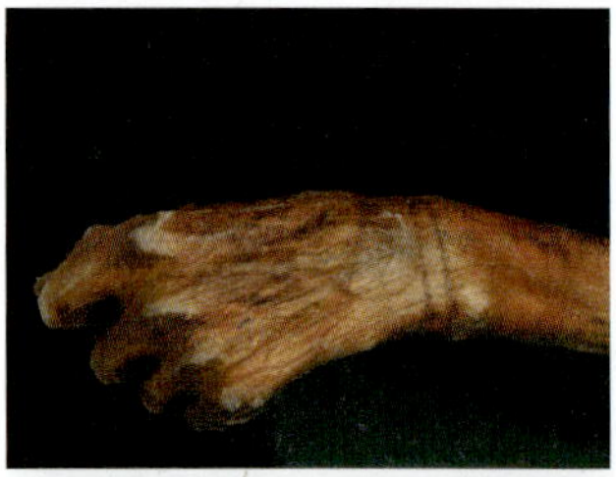

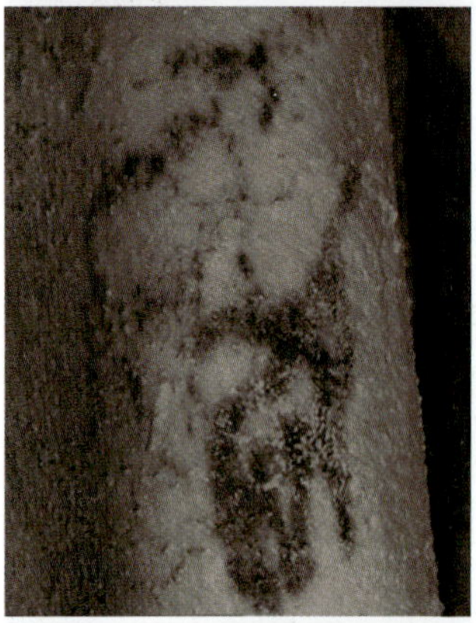

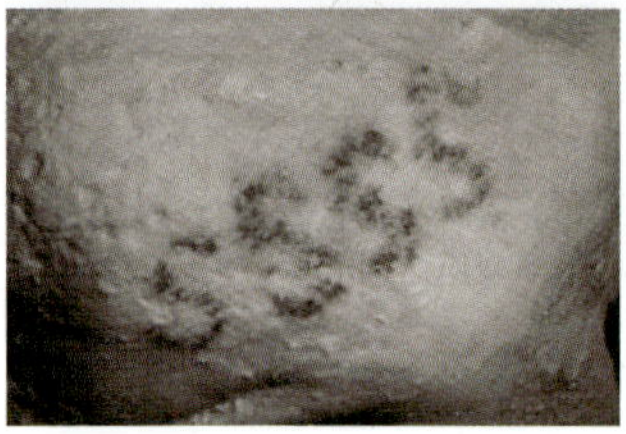

그림 위부터
아이스맨 https://blog.naver.com/uready21/221194730391
이집트 미라 https://www.bbc.com/korean/news-43237179

문신, 즉 타투(Tattoo)는 '마크(mark)하다'라는 뜻의 타히티어 '타타우(Tatau)'에서 유래되었는데, 그 역사는 수천 년을 거슬러 올라간다. 엄중한 의식의 일부로서, 때론 치료의 목적으로, 문화에 따라 사용되었던 문신의 기록들이 전해지고 있다. 고대의 문신은 보통 짐승의 뼈로 식물 색소와 광물질을 피부에 주입하는 형태로 진행되었으며, 가장 오래된 문신의 증거는 미라에서 찾아볼 수 있다.

탄소분석 결과 5천 년 이상 된 것으로 추측되는 이집트 미라 두 구를 적외선 카메라로 살피자, 뿔 달린 황소와 양의 문양이 남성 미라의 팔에, 4개의 S자 문양이 여성 미라의 어깨에 새겨져 있었다.

알프스 빙하에서 발견된 냉동 상태의 미라 '아이스맨(ice man)'. 그는 청동기시대의 남성으로 50여 개의 문신이 발견된다. 이는 라임병 통증 치료를 위한 의학적 문신 혹은 침

치료의 흔적으로 추측되고 있다.

이외에도 BC 4000년경 이집트의 미라 '아무네트(Amunet)'와 세계 각지에서 발견된 유해들, 동굴 벽화의 흔적들, 섬 부족들의 문화들에서도 문신을 찾아볼 수 있다.

고대 그리스와 로마에서는 범죄자와 전쟁 포로, 노예들에게 문신을 새겼다는 서면 기록도 전해진다. 우리나라의 경우에도 『삼국지』에서 "마한의 남자들이 때때로 문신을 하였다(男子時時有文身)"라는 기록을 찾아볼 수 있어, 문신이 매우 오래된 예술적 표현 가운데 하나임을 증명한다. 이렇듯 문신은 다양한 목적으로 행해진 고대 행위로부터 현재에 이르기까지 예술적인 의미를 더하며 발전하게 된다.

20세기 중반까지만 하더라도 사회 전반적으로 받아들여지지 않아 서커스단과 선원, 범죄자들이 주로 타투를 받았지만, 점점 더 인기를 얻으며 주류 문화가 되었다.

사용되는 색이 다양하고 화려한 무늬들로 시선을 사로잡지만, 색소를 피하 깊숙이 침투시켜 착색 후 색이 매우 선명하고 또렷했다. 그래서 지우기가 매우 어렵고 지운다고 하더라도 흉터가 짙게 남았다. 전문기술이 발전하면서 문신용 수용성 염료를 진피층에 찍어 넣어 영구적으로 남게 하는 메이크업 타투가 인기를 끌기도 했지만, 문신용 염료의 문제점이 드러났다.

1980년대부터 아트 메이크업이 급속도로 발전하면서 문제점을 보완해 반영구 화장용 염료가 개발되고 6개월~3년 정도 지속되는 반영구 화장이 등장하는데, 피부 손상을 최소화하고 트렌드에 따라 모양을 바꿀 수 있는 장점이 생기게 된다.

검증된 색소를 사용해 일회용 바늘을 표피층에 주입해 색상을 연출하는 지금의 반영구에 이르게 되며, 화장품으로만 의존하던 메이크업에 신세계가 열린다.

2 반영구 화장의 현재

이렇듯 반영구 화장은 문신에서 유래되어 '자연스러운 메이크업'으로 발전해왔다. 색소를 표피 안으로 침투시켜 피부의 고유한 색과 혼합되어 얼굴의 윤곽을 더욱 돋보이도록 만들어 줄 수 있다.

반영구 화장이 주목받는 이유는 바쁜 현대생활에 편리함을 줄 수 있기 때문이다. 최근 화장을 거의 하지 않은 듯한 연한 '민낯화장'이 유행하며, 자연스러우면서 티가 나지 않는 반영구 화장이 인기를 얻고 있다. 또 시대가 바뀌면서 여성에게 치중했던 반영구 화장에 이제는 남성들도 참여하며 외모 자신감을 높이는데 한몫하고 있다. 이제는 문신과는 완전히 다른 개념으로 자리 잡은 '뷰티 트렌드'라고 할 수 있다.

1) 반영구 화장의 범위

우리나라의 '반영구 화장', 미국의 '세미 퍼머넌트 메이크업(semi-permanent makeup)', 유럽의 '컨투어 메이크업(contour makeup)', 일본의 '아트 메이크업(art makeup)' 등 여러 가지 이름을 불리고 있는 이 트렌드는 그 범위가 점차 확대되고 있다.

기존의 눈썹, 아이라인, 입술 부위에 대한 반영구 화장뿐만 아니라, 헤어라인과 두피까지 반영구를 찾는 사람들은 점점 늘어나고 있다. 여기서 그치지 않고 미세입자로 이루어진 색소를 피부에 착색시켜 외상 흉터나 수술 자국을 주위 피부색과 흡사하게 위장하고, 유방암 수술 후 사라진 유륜을 재건하며, 백반증에 이르기까지 그 활용도가 굉장히 넓다. 이렇게 의료적 목적의 '메디컬 반영구'까지 진출하며 시술의 범위를 넓혀 가는 상황이다.

그 까닭은 콤플렉스를 개선해줄 수 있다는 점에 있다. 혹을 떼려다 혹을 하나 더 붙였다는 '혹부리 영감'이 될 수는 없는 법. 따라서 반영구를 받고자 찾아오는 사람들에게 최선을 결과를 주기 위해, 시술자는 시술 전부터 후까지 피시술자와 시술법에 대해 파헤치고 깨우칠 필요가 있다. 많은 사항을 복합적으로 고려하고, 넓게 바라보아야 한다. '이거 하나는 괜찮겠지'하는 안일한 생각으로 접근하다간 의도치 않은 상황에 휩쓸려 그간의 공과 경력마저 쉽게 무너질 수 있는 점을 명심하자.

1 반영구 머신의 선택과 사용법

반영구 기술에 꼭 필요한 것 중 하나가 바로 반영구 화장 머신이다. 반영구 머신에는 어떤 종류가 있고, 어떤 머신을 선택해야 하는지, 제대로 된 사용법이 무엇인지 알아야 반영구를 마스터할 수 있다.

① 반영구 머신의 종류

반영구화장 머신은 크게 아날로그 머신과 디지털 머신 두 가지 종류로 나뉜다.

- 아날로그 머신

전통적인 방식의 반영구화장 머신
바늘이 수동으로 움직이는 방식
사용하기 쉽고 가격이 저렴한 편
정확도가 상대적으로 낮아 숙련도가 필요

- 디지털 머신

최신 기술이 적용된 반영구화장 머신
바늘 움직임이 자동화되어 정확도가 높음
프로그래밍이 가능해 다양한 기능 제공
가격이 비교적 높은 편

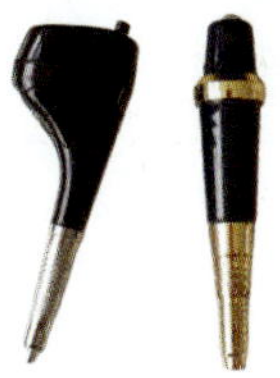

아날로그 머신

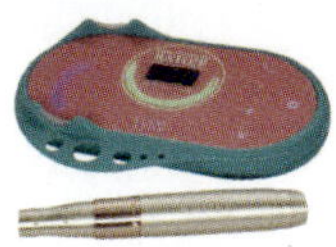

디지털 머신

디지털 머신

"어떤 머신을 선택할 것인가?"에 대한 명확한 정답이란 없다. 따라서 머신을 선택할 때에는 자신의 테크닉이나 스타일에 맞는 제품을 선택해야 한다. 아날로그 머신의 등장 이후 본체가 없는 핸디형 디지털 머신을 포함해 다양한 디지털 머신들이 출시되었지만, 기존 아날로그보다 못한 경우도 있다. 또 거금을 주고 산 머신의 니들의 공급이 중단되어 사용하지 못하게 되는 경우도 있다. 현재 우리나라에 시판되는 머신의 종류가 매우 많고, 가격 차이도 크기 때문에 다양한 머신을 접해보고, 차이점을 인지한 상태에서 자신과 맞는지, 원하는 시술에 적합한지를 고려하여 고르는 것을 추천한다.

② 반영구 니들의 종류

반영구 시술은 기본적인 5가지 머신 테크닉을 완전히 내 것으로 만들고 나면, 이를 조합하여 수십 가지의 효과를 줄 수가 있다. 점을 찍고, 일직선과 곡선, 원을 그리는 등의 머신 테크닉은 '니들'의 종류 및 용도와 밀접하게 연관된다. 반영구 화장에서 머신과 니들은 떼려야 뗄 수 없는 사이라고 할 수 있다.

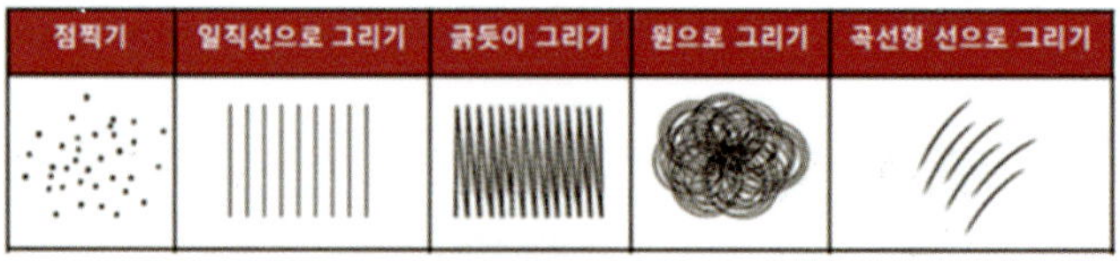

머신 테크닉

니들의 종류는 대부분 두 가지 형태로 나눠진다. 니들의 끝부분이 동그랗게 모이는 형태의 '라운드니들'과 니들 끝이 나란히 열로 배열된 형태의 '플랫니들'이 그것이다.

CHAPTER 1
타투 바늘(needle)의 종류

타투용 바늘은 크게 **바 니들(Bar Needle)**과 **카트리지(Cartridge)**로 구분됩니다. **바 니들은 주로 코일 머신, 로터리 머신**에 사용하며 **카트리지는 펜 타입 머신과 하이브리드(로터리)머신**에 사용합니다. 작업자의 성향에 따라 머신이 달리지며 머신에 따라 바늘 타입도 달라집니다.

바 니들(Bar Needle)

바 니들은 가장 기본이 되는 바늘로 코일/로터리 머신에 사용합니다. 바 니들을 사용하기 위해서는 그립, 팁, 니플이 기본적으로 함께 필요합니다. 원하는 바늘과 그에 맞는 사이즈의 팁을 그립에 조립하여 사용합니다.

카트리지(Cartridge)

카트리지 타입은 팁과 바늘이 일체형으로 제작되어 따로 팁을 고를 필요가 없습니다. 머신을 하나만 사용하는 경우 용도에 따라 바늘의 크기가 종류를 변경하기 쉬워 최근 더욱 인기 있는 타입입니다. 그러나 펜 타입 머신의 경우 일반 머신에 비해 파워가 다소 약하고 부드러운 것이 특징으로 바늘 또한 일반 바 니들에 비하여 내구성이 다소 약할 수 있습니다. 그러나 기본적으로 바늘과 팁의 세팅이 적절히 이루어져 있어 안전한 세팅이 가능합니다.

CHAPTER 2
바늘의 종류별 특징

바늘은 1~49개의 아주 작은 바늘이 모여 그룹을 이룹니다. 이때 그룹화된 바늘의 개수와 정렬 방식(바늘 끝 모양)에 따라 바늘의 이름이 결정됩니다.

한눈에 알아보는 바늘의 종류별 특징!

라운드 라이너	라운드 쉐이더	플랫
Round Liner **(RL)**	Round Shaders **(RS)**	Flat Liner **(FL)**

라인&디테일 용	좁은영역 쉐딩	채색, 명암, 선

웨이브 메그넘	스택 메그넘	커브 메그넘
Weaved Magnums **(M1)**	Stacked Magnums **(M2)**	Curved Magnum **(RM/M1C)**

넓은 영역 채색, 명암	넓은 영역 채색, 명암	넓은 영역 채색, 명암

CHAPTER 3
테이퍼(Taper)

테이퍼 Taper는 "폭이 점점 가늘어지다"라는 뜻으로 바늘의 몸체와 끝점의 **경사면의 길이**를 의미합니다.

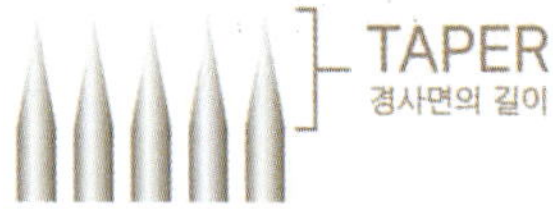

표기글자		길이(mm)
S	Standard Taper	1.5mm
LT	Long Taper	2mm
DLT	Double Long Taper	2.5mm
ELT	Extra Long Taper	3.5mm
SLT	Super Long Taper	5.5mm
ESLT	Extra super Long Taper	8mm

CHAPTER 3-1
테이퍼(Taper)

테이퍼의 차이는 아티스트마다 하중이 다릅니다. 그러나 테이퍼가 긴 바늘일수록 컨트롤 영역이 넓다고 볼 수 있습니다. 그러나 이에 대한 차이는 눈에 확연하게 드러날 정도는 아닌 경우가 많아 가장 기본적으로 사용하는 S, LT를 사용하는 것만으로도 충분하다고 생각합니다. 잉크를 머금는 양은 한정적이기 때문에 오히려 컬러 작업의 경우 충분히 원하는 만큼 잉크가 주입되지 않을 수 있습니다.

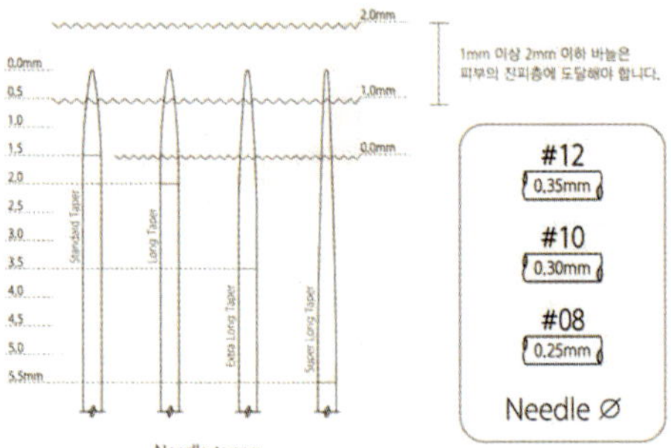

Needle tapers

> **테이퍼란?**
> 니들의 끝 부분이 점점 가늘어지는 것을 말한다.
> 테이퍼의 중요성: 테이퍼 길이와 굵기에 따라 니들의 날카로움과 잉크 입자 크기가 피부에 묻어나는 것이 달라진다. 작업의 목적과 작업자의 스윙과 터치 스타일에 따라 테이퍼 타입을 선택하는 것이 중요하다.
>
> 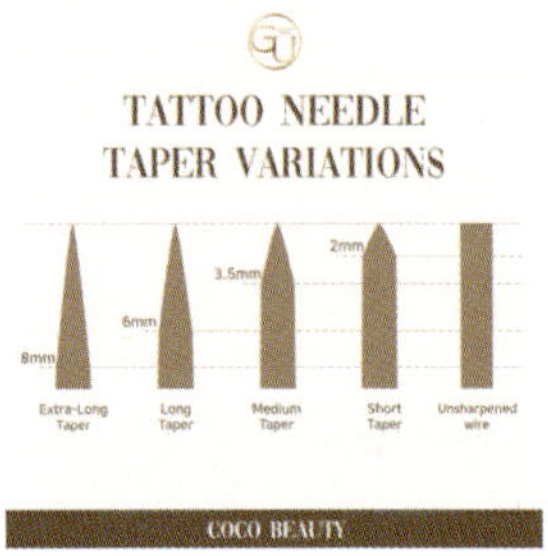
>

'라운드니들'은 부드럽고 시술하기에 편리하며, '플랫니들'은 정밀한 라인 작업이나 넓은 면적 작업 시 사용한다. 1p 니들도 굵기가 다른 다양한 종류의 니들이 있는데, 니들

끝부분의 연마상태가 얇을수록 피부에 깊게 주입되므로 주의해야 한다.

③ 반영구와 타투 니들의 차이

반영구와 타투는 모두 니들을 사용한다는 점에서 동일하다. 하지만 어떤 니들과 색소를 사용하느냐에서 갈림길을 걷는다. 반영구 니들과 타투 니들은 사용하는 목적이 같지만, 사용하는 범위에 따라 다르게 만들어지기 때문에 기기 자체에 차이가 있다.

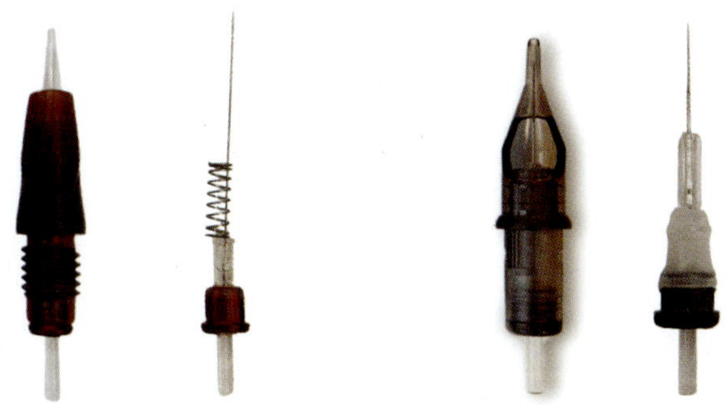

반영구 니들/타투 니들

두 가지 니들을 분해해보면 반영구 니들 1p는 스프링으로, 타투 니들 1p는 실리콘으로 구성된 것을 확인할 수 있다. 타투는 보통 신체 부분에 시술하지만, 반영구는 얼굴 위주로 시술이 들어간다. 따라서 반영구용 니들은 피부가 얇고 모세혈관이 많이 분포한 얼굴 부위의 손상을 최소화하기 위해, 다소 쿠션감이 있고 텐션을 주는 스프링을 사용한다.

Tip!

실리콘 멤브레인이란?

타투 니들 카트리지에 사용되는 실리콘 재질의 얇은 막을 말한다. 타투 기계의 진동을 흡수하고, 니들 흔들림을 안정화시킨다. 타투 기계와 니들 사이의 마찰을 줄여 부드러운 작동을 가능하게 하고 내부 부품을 안료로부터 보호하여 수명 연장 역할을 한다. 또한, 시술시 정교성과 안정성을 높이는데 중요한 역할을 한다.

이외에도 캡의 끝부분의 모양과 길이, 니들의 스트로크 길이가 다른 점을 차이점으로 꼽을 수 있다.

두 니들의 출력량을 비교하면 정확도와 색상의 진한 정도 면에서 반영구 니들보다 타투 니들이 더 높은 결과를 보여주기도 한다. 책을 처음 출간하기로 마음먹은 2018년과 비교하여, 2024년 반영구화장 시술에는 많은 변화가 생겼다. 반영구화장 아티스트들도 이제 눈썹, 입술, 아이라인 시술에 타투 니들을 널리 사용하기 시작하였다. 이는 기존의 전통적인 반영구화장 방식에서 타투 니들을 접목하여 더욱 정교하고 자연스러운 눈썹, 입술, 아이라인 등 다양한 시술 스타일을 연출할 수 있게 진화한 것으로 볼 수 있다. 타투 니들은 실리콘 멤브레인을 사용하여, 반영구화장 전용 니들보다 타격감이 좋아 더 빠르게 색소를 피부에 주입할 수 있다.

불과 몇 년 전만 하더라도 타투 니들로 반영구 시술을 하는 경우는 흔치 않았으나, 섬유화된 상흔 눈썹들이 많이 보이기 시작한 이후 파우더리한 느낌을 연출하기 위해 '옴브레 그러데이션 기법'이 유행하며, 타투 1p의 활용도가 높아졌다. 점묘 효과에 타투 니들을 많이 사용하는 이유이기도 하다.

또한 타투 니들의 경우 색소가 잘 나오지 않아 불편을 겪는 경우가 종종 있다. 니들이 캡의 중앙에 있기 때문에 색소가 많이 나오거나 잘 나오지 않는 것일 수 있다. 이럴 때 본

능적으로 니들 터치를 깊게 하게 되면 출혈 등의 데미지가 발생하기 때문에 니들을 꺾어 사용하는 방법을 추천한다.

타투 니들을 꺾어 사용하는 방법

타투 니들 캡의 경우 숨구멍 부분에 핀셋 또는 얇은 도구를 이용해 니들을 살짝 꺾고 캡과 니들이 붙도록 한 뒤 사용하면 색소가 잘 나오며, 피부 손상 걱정 없이 색을 주입할 수 있다.

④ 핀셋을 사용하여 니들을 구부려 사용하는 이유?

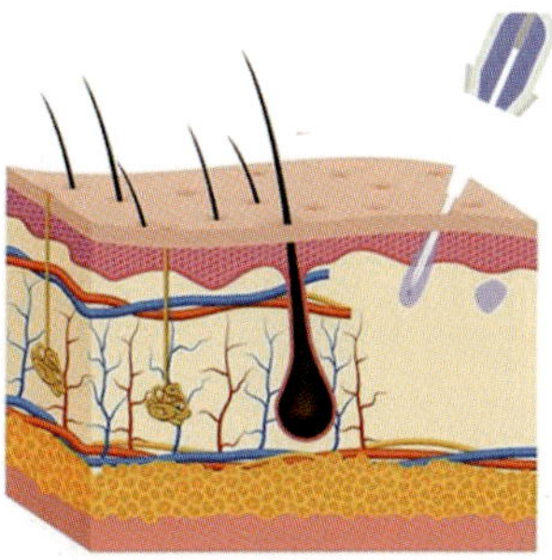

니들의 주입

타투 니들은 브랜드에 따라 캡과 니들 사이의 간격 및 특징이 모두 다르다. 이로 인해 타투 니들이 캡과 니들 사이의 간격이 적절하지 않으면 니들이 불안정하게 움직여 피부 손상이 증가하거나 잉크의 흐름이 원활하지 않을 수 있다. 반면, 간격이 너무 좁으면 니들 움직임이 제한되어 시술 효율성이 떨어질 수 있다. 따라서 니들 캡과 니들 사이의 간격을 적절히 조절하여 핀셋을 이용해 니들을 살짝 구부려 캡에 밀착시켜 간격을 최소화할 수 있다.

하지만 2024년 최근 출시되는 반영구화장에 사용되는 타투 니들은 캡과 니들 간의 간격 퀄리티가 향상되어 핀셋을 사용하지 않고도 편리하게 사용할 수 있는 특징이 있다.

과거에는 타투 니들을 핀셋으로 구부려 사용했던 이유는 정확한 터치감과 안정성을 확보하기 위해서였다.

시술자는 한방향, 양방향, 사선 ,롤링 등 선호하는 터치 방식에 따라 니들캡 중심부의 숨구멍을 중심으로 니들의 위치를 조절하여 단단함과 부드러움 정도를 선호도에 맞게 조절하여 사용하는 것을 추천한다.

이렇게 니들의 위치와 각도를세밀하게 조절하면 정확한 터치감과 안정성을 확보할 수 있어 작업의 데미지를 줄이고, 성공적인 착색률을 높일 수 있다.

2) 올바른 반영구화장 니들 사용법

니들 위치와 각도 조절

1. 니들 캡 중심부의 숨구멍을 기준으로 니들의 위치와 각도를 조절

- 시술자의 선호하는 터치 방식(한방향, 양방향, 사선, 롤링 등)에 맞춰 위치와 각도 조절

- 단단함과 부드러움의 정도를 시술자의 선호도에 맞춰 위치와 각도 조절

2. 니들의 안정성

- 핀셋을 이용해 니들을 캡의 한쪽 벽면으로 꺾어 흔들림 없이 안정적으로 사용
- 기존에는 핀셋을 사용해 니들을 꺾어 사용해야 했지만, 개선된 디자인으로 인해 핀셋 없이도 다양한 강직도의 니들 사용 가능
- 과거에 비해 색소의 분출량 조절이 쉬워짐

3.정확한 터치

- 니들의 위치, 각도, 스피드 체크를 통해 원하는 점, 선, 면을 정확하게 표현 가능하며 피부 자극을 최소화 할 수 있다.

니들 깊이와 색소 주입의 상관관계

- 니들 깊이가 얕으면 색소가 피부 표면에 얕게 주입되어 선명하고 또렷한 색상이 나타난다.
  니들 깊이가 깊으면 색소가 진피층까지 깊게 주입되어 짙은 음영감이 연출된다.
  니들 깊이를 조절하여 원하는 색상과 음영감을 구현할 수 있다.

① 니들의 깊이가 색소 주입과 착색에 미치는 영향

앞서 살펴본 것처럼 피부의 구조는 크게 3개의 층으로 나뉘는데, '표피층/진피층/피하조직(지방)'이 그에 해당한다. 반영구 시술은 진피층 깊이 색소를 주입하는 문신의 시술법과는 달리 '표피의 기저층[36]' 또는 '진피의 상부층[37]'까지 색소 주입이 이루어진다. 만일 압 조절의 실패로 진피층 안쪽까지 색 주입이 이루어지게 되면 출혈이 발생하거나 색소의 분산 또는 변색, 염증 및 부작용의 우려가 있을 만큼 니들의 깊이는 매우 중요하다.

'조금 얕다고, 조금 깊다고 얼마나 차이가 나겠어?'하고 생각한다면 큰 오산이다. 미세한 차이라고 생각할 수 있지만, 결과는 매우 다르게 나타날 수도 있다. 니들 주입 깊이에 따른 염료와 안료 색소의 변색은 반영구 강의를 진행하면서도 정말 많은 문의를 받았던 부분이다. 또한, 무기색소와 유기색소의 니들 주입법은 다르며 티슈 한 장 두께의 차이로 탈각 후 피부 속에 남는 색의 결과값이 달라질 수 있다.

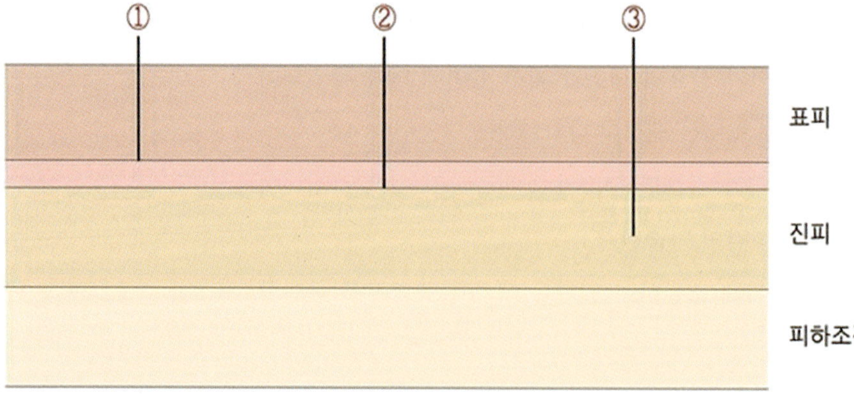

• 표피층까지 색소를 주입할 경우

반영구 화장의 가장 기본적인 원리 중 하나는 표피층의 피부세포의 신진대사로 색이 자연스럽게 빠지게 된다는 것이다. 이로 인해 '탈각'이 일어나며, '리터치'를 필요로 하게 되는 것이다.

따라서 니들 깊이를 표피층까지 설정해 색소를 주입하게 될 경우, 색소가 표피층에 머물다 보니 색소의 이동성이 낮으며, 각질과 함께 빨리 탈색이 일어난다. 이는 반영구 유지 기간이 짧은 이유를 설명할 수 있는 요인이기도 하다.

• 기저층까지 색소를 주입할 경우

색소가 기저층까지 정확하게 도달하게 되면, 6개월 ~ 1년 정도의 유지 기간을 보인다. 입자가 큰 안료 베이스의 색소들은 체내에 침투되지 않고, '각화 현상[38]'에 의해 6개월 ~ 1년 사이 신진대사를 거듭할수록 자연스럽게 발색되어 없어진다. 니들의 가장 이상적인 깊이, 가장 성공적인 결과를 불러올 수 있는 니들의 깊이는 바로 '기저층'까지 색소를 주입하는 방법이다.

• 진피층까지 색소를 주입할 경우

타투에 사용되는 염료의 경우 체내에 오래 남아 분산되어 변색이 나타나며, 안전성이 입증된 반영구의 안료 색소 또한 니들의 주입이 깊어지게 되면 변색이 일어나게 된다. 또한 손상을 받은 피부세포들은 재생 활동을 더욱 열심히 하기 때문에 색소가 착색되지 못하고 탈각이 많이 이루어지게

Tip!
검정은 청색과 잿빛으로, 붉은 갈색은 오렌지로 변색 확률이 높다.

된다. 이 밖에도 출혈이 발생하거나, 색소 퍼짐 및 변색이 크게 나타날 수 있다.

② 니들의 올바른 사용법

반영구 시술 이전에 "세팅이 잘되어야 한다"는 말에는 니들과 팁의 세팅도 포함되는 이야기다. 니들은 팁과의 조화를 이루어야만 원하는 양을 피부에 주입할 수 있다. 그러나 반영구 수강을 진행할 때 아주 흔하게 볼 수 있는 상황 중 하나는 니들을 잘못된 방법으로 사용하는 모습이다.

그중 가장 흔하게 볼 수 있는 세 가지의 경우로 나눠 설명하려고 한다. 이 세 가지 유형 중 자신이 어떤 유형에 해당하는지 체크해 보고 문제점을 파악해 보자.

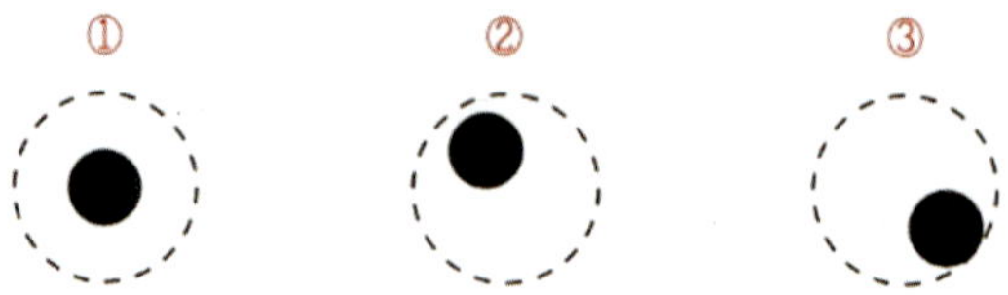

• 니들이 ①번처럼 위치하는 경우

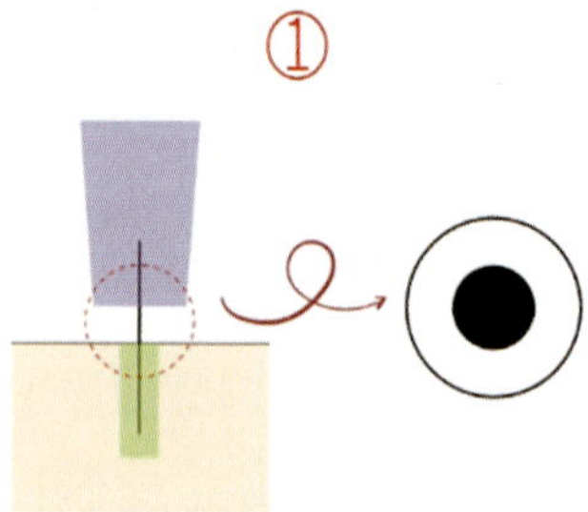

①번을 선택한 당신, 터치는 제대로 되는 것 같은데 컬러는 제대로 나오지 않고, 피부에 출혈이 발생하는 일을 흔하게 겪고 있을 수 있다.

대부분의 시술 중 출혈이 발생하는 원인은 니들의 위치가 잘못되었을 가능성이 크다. 색소가 캡에 저장되지 않아 컬러는 잘 들어가지 않고 데미지만 들어가기 때문에 당연히 상처가 깊어지고 염증 발생률이 높아지게 될 수 있다.

• 니들이 ②번처럼 위치하는 경우

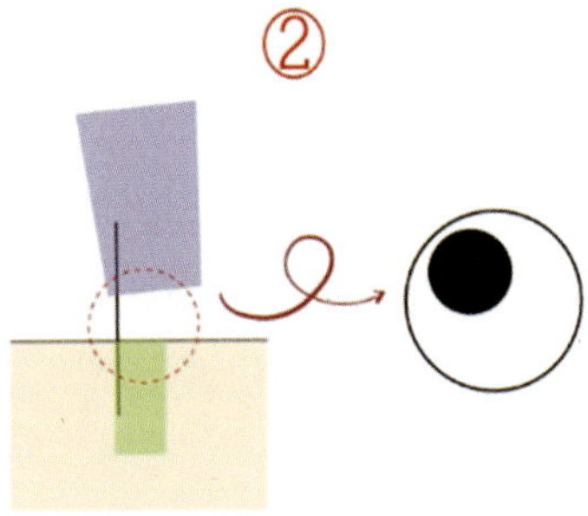

②번을 선택한 당신, 색소 양이 많고, 니들의 흔들림이 많아 색소가 퍼지거나 튀는 경우를 흔하게 겪지는 않는가?

니들과 팁의 간격이 딱 맞아떨어지지 않아 흔들림 현상이 발생하면 부정확한 터치로 인해 자연스러운 그러데이션을 완성할 수 없게 된다.

• 니들이 ③번처럼 위치하는 경우

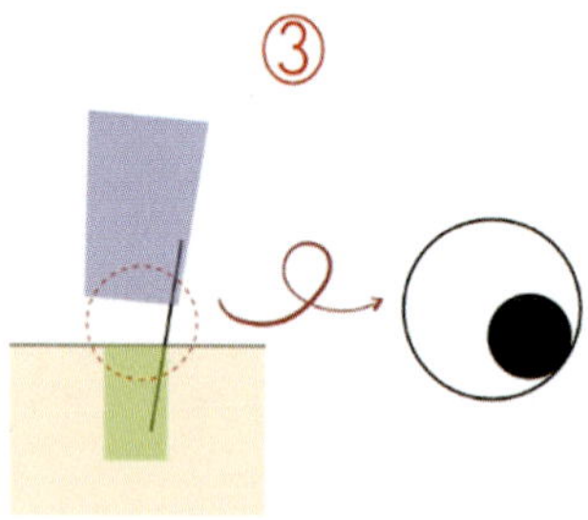

③번을 선택한 당신, 가장 이상적인 방법으로 니들을 사용하고 있다. 이 경우 색소가 가장 잘 나오고 정확한 터치가 가능하다.

이렇게 니들이 캡 안쪽으로 기울어지는 방향을 취한 경우가 가장 안정적으로, 니들의 흔들림과 모터의 회전수를 조정하여 색소의 양을 조절할 수 있다.

> **Tip!**
> 어떤 경우에서도 캡에 닿아야만 색소가 나온다는 공식을 잊지 말자!

③ 캡의 올바른 사용법

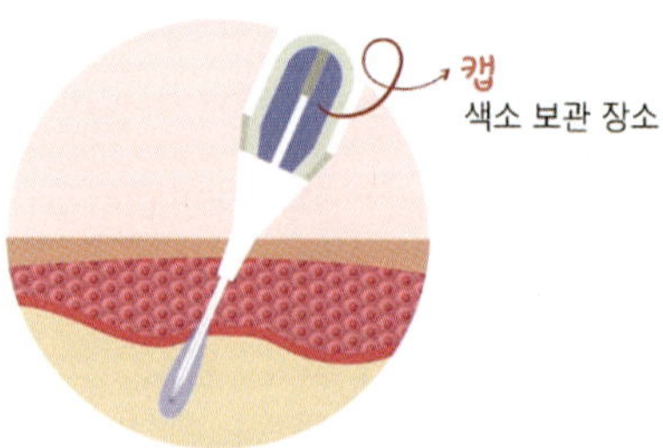

니들 구조 중 캡 사진

도대체 이 '캡'은 어떤 역할을 하길래 니들이 여기에 닿아야만 색소가 나오는 걸까? 캡은 색소를 보관하는 장소로서, 니들이 회전할 때 캡에 닿아야만 비로소 제 역할을 할 수 있게 된다. 만일 색소가 많이 나오거나, 나오지 않을 때는 캡을 조금씩 돌려가며 니들이 캡에 닿게 하는 미세한 조정이 필요하다.

④ 올바른 선 긋기 자세

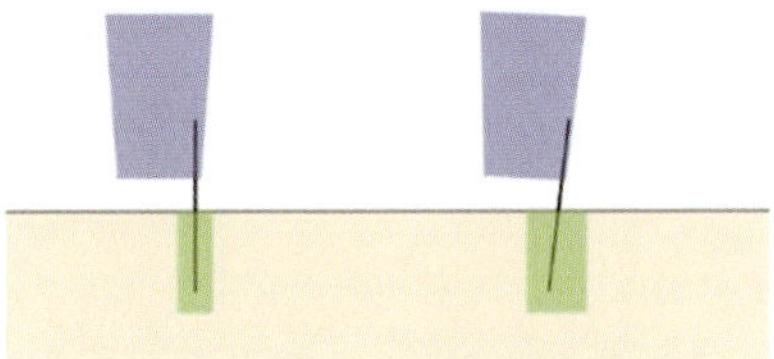

자세 사진

올바른 사용법을 숙지했다면 올바른 자세를 숙지해야 한다. 바늘의 각도에 따라 색소의 퍼짐이 넓어질 수 있기 때문이다. 올바른 자세를 취해야만 색소의 퍼짐과 깊이를 조정할 수 있다. 니들을 가급적 자신 쪽으로 당겨주면서 선을 긋는 방법이 가장 이상적이다.

하지만 시술자의 손의 크기, 수압, 습관 등은 모두 다르다. 그래서 몇 도의 직타가 맞고, 몇 도는 틀렸다고 확실한 답을 정할 수는 없다. 모든 기법에는 각자에게 가장 잘 맞는 각도와 밀착도가 있다. 이것을 익히고 알아내는 것 또한 자신만의 테크닉을 완성하는 방법이다.

Tip!
니들의 방향 외에도 머신의 각도, 니들의 길이, 수압 또한 피부에 데미지 없이 색소를 주입하기 위해 중요하다는 사실을 명심하자!

여러 수강생을 만나다 보면 잘못된 자세가 오랜 시간 몸에 익어 고치기 어려워하는 경우를 흔하게 볼 수 있다. 하지만 어렵다는 것이지 불가능한 것은 아니다. 첫 단추를 잘못 끼웠다는 사실을 마지막 단추를 채울 때 알게 되는 것처럼 누구나 처음은 미숙하기에 실수할 수 있다. 단, 자신의 문제를 알았을 때 어떻게 고쳐 나가는지가 중요하다.

지식과 재물을 담는 곳간〈이마 관상 보는 법〉

• 넓은 이마

총명하고 생활력이 강한 편이다. 손윗사람의 덕이 있고, 주변 이들의 신뢰를 받는 타입으로 솔직하고 재치가 있다.

• 좁은 이마

판단력이 우수하며 정이 많아 대인관계가 좋은 편이다. 좁은 이마와 함께 미간이 좁으면 손윗사람에 대한 반항이 커져 좋지 않다. 앞머리를 올리고 눈썹을 다듬는 것이 좋다.

• 네모난 이마

꼼꼼하고 성실한 성향으로 일과 가정 어느 한쪽에도 소홀하지 않다. 뭐든 확실히 매듭을 짓는 타입으로 주변의 많은 신뢰를 받으며, 한 분야의 전문가인 경우가 많다.

• 둥근 이마

대체로 총명하고 사랑스러운 성격으로 주변에서 인기가 많다. 생활력이 강해 꾸준히 노력하면 자수성가할 확률이 높다.

• 원숭이형 이마

미인들이 많다. 내성적인 성격으로 남에게 의존하는 경향이 있으며, 사회생활보다 전업주부가 더 잘 맞는 타입이다.

• M자형 이마

창의력이 뛰어나며 감각이 예민해 예술 계통에 소질이 있다. 총명하지만 집중력이 강해 주변을 잘 둘러보지 못하는 경향이 있다. 직업적으로 큰 성공을 거두지만 좁은 인간관계로 다소 외로울 수 있다.

CHAPTER 4

반영구 시술의 응용과 심화

세상에는 나와 똑같이 생긴 사람들이 적어도 3명이 있다고 한다. 도플갱어를 만나면 죽는다는 이야기도 우스갯소리도 있다. 하지만 그 말이 의미하는 것은, 우리 모두가 외모적으로 비슷하더라도 각자 독특한 매력을 지니고 있다는 것이 아닐까? 눈썹의 길이와 방향, 모발의 질감, 굵기, 색상, 피부 타입까지, 모두 제각각이다. 우리는 그런 세상에서 살아가고 있다. 다양함이 존재해 좋기도 하고, 때론 그게 문제가 되기도 하는, 그런 세상이다. 우리 모두가 다르기에 아름답다. 그런데도, 달라서 미워하고 배척하는 사람들이 있어 아쉽다.

어느날, 목욕탕에서 가슴에 수건을 두른 여성을 보았다. 그녀는 마치 홀로 남은 낙동강의 오리알처럼 눈에 띄었다. 주변 사람들의 시선도 그녀를 향했고, 그녀에 대한 의식적인 시선을 피하려는 나의 노력은 곧 허무하게 느껴졌다. 그곳에 퍼진 아주머니들의 속삭임이 그녀를 둘러싸고 있었다.

"없지?", "진짜 없네", "아이고, 젊은데 어쩌나." 그 말들이 내 귀에 들렸을 때, 마치 내가 당사자가 된 것처럼 얼굴이 뜨겁게 달아올랐다. 그녀의 가슴은 한쪽에만 심하게 함몰되어 큰 수술 흉터를 가지고 있었다. 누군가의 콤플렉스가 이렇게 가볍게 대화의 소재가 되어버리는 것은 정말로 잘못된 일이다.

한때는 베이글 가슴에 자부심을 가진 적도 있었다. 그러나 가슴 종양 수술을 받게 되었다. 그날 나는 나와 같은 고민을 가진 많은 사람들을 위해 내가 할 수 있는 일로 재능기부 일을 시작해야겠다는 작은 다짐을 마음에 새겼다.

1 눈썹 반영구

1 눈썹과 반영구 디자인

성별과 연령대를 불구하고 많은 사람이 눈썹 반영구를 찾는다. 적당한 눈썹 숱과 이목구비 및 얼굴형에 잘 어울리는 눈썹은 깔끔한 인상을 연출할 수 있다.

1) 눈썹의 특징

① 눈썹의 구조와 역할

눈썹(Eyebrow)은 눈 위의 뼈가 융기한 부분을 따라서 활 모양으로 자라난 털을 말한다. 털의 길이는 일반적으로 7~11mm 정도이며, 눈썹 활의 길이는 5~6cm 정도다. 눈썹 털의 길이가 두피의 머리카락보다 짧은 이유는 생장기 때문이다.

우리 몸의 모든 털은 '생장기 - 퇴행기 - 휴지기'의 사이클을 반복하는데, 이 중 생장기 동안 털이 자란다. 머리카락의 생장기가 2~6년인 것에 반해, 눈썹은 4~8주 정도이기 때문에 차이가 생기는 것이다.

눈썹 부분의 피부는 이마힘살(전두근), 눈둘레근(안륜근), 눈썹주름근(추미근), 눈살근(비근근) 등의 작용으로 움직이게 된다. 눈썹은 이렇듯 이마와 눈 주변에 넓게 퍼진 근육을 이용해 얼굴의 여러 가지 표정을 짓게 하고, 눈을 보호하는 기능을 한다. 표정을 지음으로써 놀람과 화남 등의 감정 표현을 더욱 강하게 만들어 의사소통 과정에서 보조 기능을 한다. 이 때문에 눈썹은 이목구비와 더불어 사람의 인상을 결정짓는 매우 주요한 요소 중 하나다. 그래서 눈썹을 정리하고 화장하는 방법은 계속해서 연구되고 발전하고 있다.

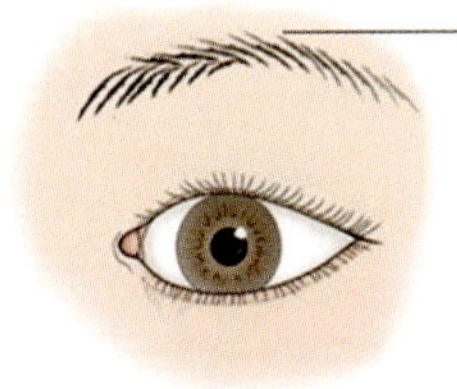

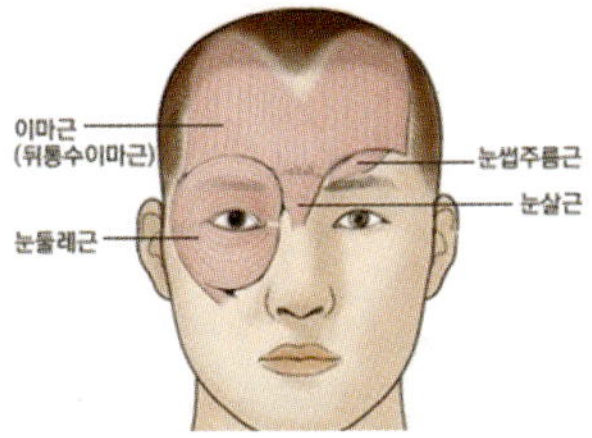

눈썹의 구조/눈썹 주변 근육

② 눈썹의 디자인

눈썹 디자인이 못나면 아무리 색을 자연스럽게 입혀도 예뻐 보이기가 힘들다. 그만큼 반영구 눈썹에 있어 가장 기본은 눈썹의 디자인이라고 할 수 있다. 눈썹의 모양에 따라 원하는 인상과 분위기 연출이 가능하다.

여러 디자인이 있지만 고객의 눈썹 고유의 형태와 결에 따라 가장 이상적으로 어울리는 눈썹을 만들어내는 것이 전문가의 역할이다. 기본적으로 눈썹의 디자인으로는 일자형, 표준형, 아치형, 상승형, 남성형 등이 있다.

Tip!

좌우 눈썹 산의 위치와 높이, 눈썹 앞머리의 시작점이 다르면 짝짝이로 보일 수 있으므로 주의!

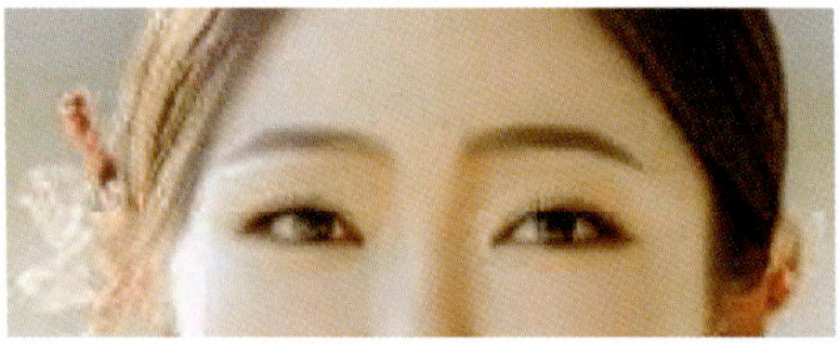

일자형

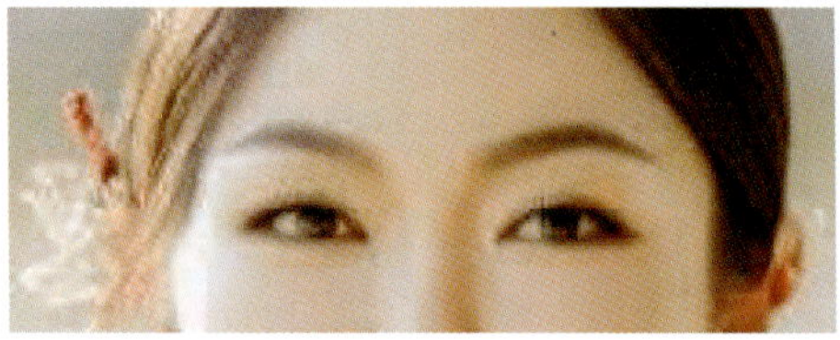

상승형

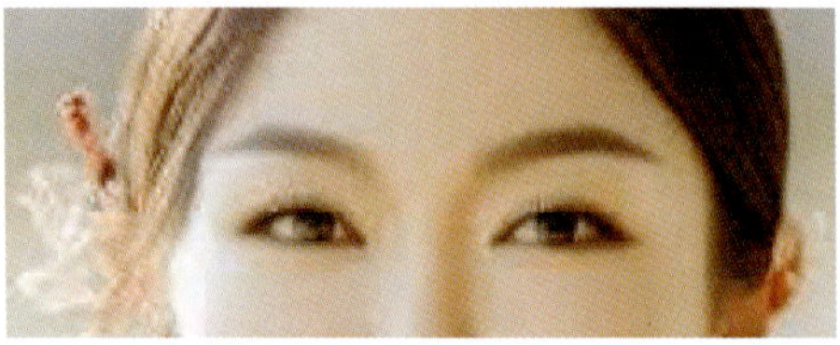

아치형

표준형

③ 눈썹 디자인 그리는 순서

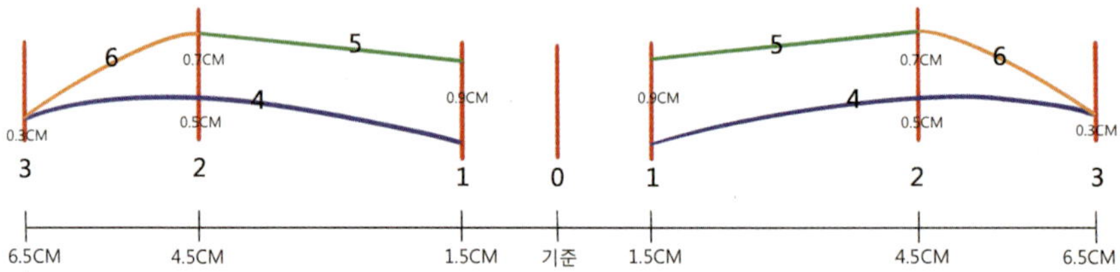

여기서 잠깐

- **어두운 계열**: 파랑 > 노랑 > 빨강
- **밝은 계열**: 파랑 < 노랑 < 빨강

어두운 계열로 시술 시 가장 높은 비율인 파랑이나 회색으로 변색될 가능성이 크고, 밝은 계열로 시술 시 빨강으로 변색될 가능성이 크다. 나머지 빠진 컬러를 넣어 브라운 톤으로 보여질 수 있도록 만드는 것이 반영구화장의 '중화' 작업이다.

- **회색, 푸른 잔흔** → 노랑 + 빨강 = 오렌지
- **붉은 잔흔** → 노랑 + 파랑 = 카키 or 올리브

하지만 시간차가 발생한 두 색소는 피부 속에서 물리적으로 혼합되지 않는다. 최소 2년 이상 경과하고도 지워지지 않은 짙은 잔흔 눈썹은 문신 레이저 시술 등 물리적 방법을 이용해 제거한 후 재시술을 권장한다.

Tip1.
짙은 붉은 눈썹 잔흔을 제거하지 않고 어두운 카키 브라운으로 덮어 새롭게 디자인하여 시술하게 되면 다음과 같은 문제점이 발생할 수 있다.

1. 불균일한 색상 표현
일시적으로 완전히 덮힌 것처럼 보이지만 색상이 일관되지 않고 붉은 잔흔이 완전히 가려지지 않아 눈썹 색상이 불균일하게 보일 수 있다.

2.지속성 문제
시술후 색상이 일정한 기간동안 유지되지 않을 수 있으며 붉은 색소가 새로운 색상 아래에서 계속 비쳐 나와 전체적인 색감이 좋지 않다.

3.이중 잔흔
잔흔 위에 새롭게 덧 입혀진 디자인과 색상으로인해 일정 시간이 지나면 이중 잔흔이 남게되어 지져분하게 보일 수 있다.

Tip2. 짙은 푸른 눈썹 또는 회색 잔흔을 제거하지 않고 오렌지색 또는 라이트 브라운으로 덮어 새롭게 디자인하여 시술하게 되면 다음과 같은 문제점이 발생할 수 있다.

1. 불균일한 색상 표현
밝은 색상이 어두운 색상을 완전히 가리지 못해 눈썹 색상이 불균일하게 보일 수 있다.

2.지속성 문제
시술후 색상이 일정한 기간동안 유지되지 않을 수 있으며 짙은 푸른 색소 또는 회색 색소가 새로운 색상 아래에서 계속 비쳐 나와 전체척인 색감이 좋지 않다.

3.이중 잔흔
중화색으로 사용된 붉은 계열의 잔흔 색소들은 시간이 지나 사라지지 않고 이중 잔흔으로 남으며 레이져로도 제거가 쉽지 않다.

④ 머신 기법(화장 눈썹)

머신으로 눈썹 면 전체에 메꿔주듯이 색을 주입하는 기법.

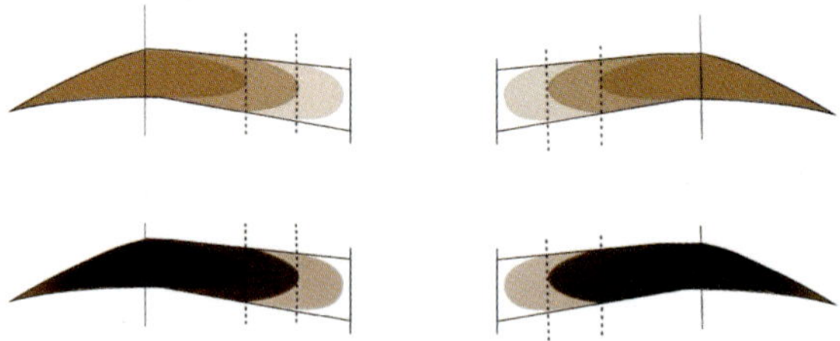

머신에 니들을 끼워서 사용하는 테크닉으로, 예전과 달리 과하지 않게 얇은 그러데이션으로 표현하며, 유지 기간이 1~2년 정도로 비교적 길고, 색이 서서히 빠지게 된다. 일정한 면적을 채워 넣는 간단한 기법으로 마치 섀도를 바른 듯한 느낌을 준다.

소리에 민감한 고객들은 머신 작동 소리에 놀라거나 경직될 수 있다. 디자인 변경이 쉽지 않다는 단점이 있어 숙련된 전문가가 아닌 초보자에게는 어렵게 느껴질 수 있다.

⑤ 콤보 기법

두 가지 이상의 기법을 동시에 표현하는 기법.

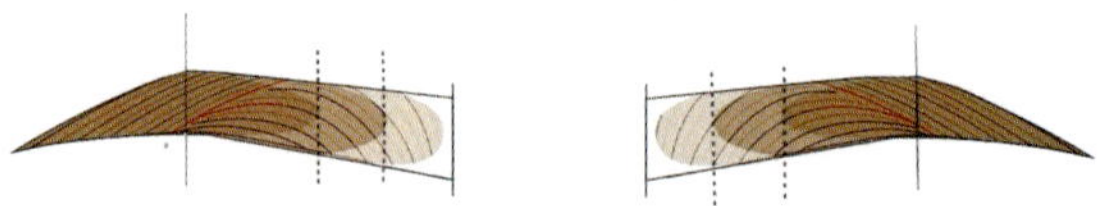

면 + 선 기법으로 엠보, 수지, 머신 기법을 혼용하여 사용하는 방식을 말한다. 예를 들어, 엠보로 틀을 잡아놓고 사이

사이 수지로 채워주는 방식이 여기 해당한다. '엠보'의 대표적인 단점인 밀도 부분을 '머신'이나 '수지'로 보완할 수 있다. 눈썹 앞머리는 엠보 기법으로, 남은 부분에는 머신이나 수지 기법을 사용하는 것이 이상적이다. 면과 선을 채우는 순서는 시술자에 따라 달라진다.

이 기법을 사용하면 보다 입체적인 눈썹의 표현이 가능하며, 기존의 잔흔을 자연스럽게 커버하기에도 좋다. 최근 남성 고객들의 선호도도 높아지고 있으며, 남녀노소에게 인기가 있다.

> **Tip!**
>
> **눈썹 디자인 잘 그리는 팁!**
>
> - 앞머리가 1.3cm쯤이라면 1.3/4.3/6.3cm에 부위 마크하기!
> - 세로 체크선을 디자인 두께보다 길게 그리기!
> - 양쪽 앞머리 높이가 맞는지 헷갈릴 땐 d와 e를 미간 쪽으로 연장해 그려 보기!
> - 디자인 바깥 라인을 깔끔하게 정리해야 디자인이 무너지지 않음!
> - d의 아랫단이 맞지 않을 경우, e 단계로 넘어가지 말 것!

2) 눈썹 반영구 주의사항

시술 후 3~5일 정도가 지나면 자연 탈각이 이루어지며, 리터치 시술은 피부 재생 기간을 고려해 3주 후부터 진행하는 것이 좋다. 진피층까지 깊게 시술하지 않기 때문에 피부 손상이 적고, 시술 직후 일상생활이 가능하다. 유지 기간은 개개인의 피부 타입과 생활습관, 환경에 따라 조금씩 차이가 나지만 보통 1~3년 정도로 볼 수 있다. 단 지성 피부와 남성의 경우 신진대사가 활발해 유지 기간이 더 짧을 수 있고, 각질 제거나 피부 스케일링, 수영이나 사우나 등은 유지 기간을 단축하는 지름길이다.

시술 후 2~4일째에는 각질이 각화되는 과정에서 유·수분이 날아간 상처 부위의 가피(딱지)가 쪼그라들며 처음 디자인과 달리, 대칭이 달라 보일 수 있다. 특히 양쪽 비대칭 근육이 심한 경우일수록 더 도드라져 보이게 된다. 이때 "짝이 안 맞다.", "길이가 다르다." 같은 문의가 많기 때문에, 시술 전후로 피시술자에게 미리 안내해야 한다.

2 아이라인 반영구

1 아이라인 반영구 디자인

보통 "아침에 좀 더 잘 수 있겠다"라는 마음으로 아이라인 반영구 시술을 받는 경우가 많다. 아침에 생기는 여유시간 그리고 민낯 자신감에 도움이 되는 기대효과를 갖기 때문이다. 시술로 인한 직접적이고 즉각적인 변화는 눈을 또렷하게 보이게 만들어, 눈의 단점을 보완해 준다는 점 또한 아이라인 반영구 시술을 선택하는 이유다.

1) 아이라인 반영구

아이라인(Eye-line)은 눈을 보다 선명하게 만들어 생동감 있는 뚜렷한 눈매를 연출한다. 이때 눈의 크기와 형태를 수정하고 보완할 수 있다는 장점이 있는 메이크업 기법이다. 아이 메이크업의 핵심이지만, 화장에 익숙하지 않은 초보자에겐 어려울 수 있다. 이런 아이라인 메이크업의 장점을 더욱 장기화시키고 전문적인 라인을 그릴 수 있는 것이 바로 '아이라인 반영구'다.

아이라인 반영구를 추천하는 케이스는 눈매 교정이 필요

한 경우와 디자인 솔루션이 필요한 경우다. 따라서 시술에 앞서 “어떤 이유로 시술이 필요한지”와 “그 이유를 최대한 해결하는 방향은 무엇인지”에 대한 고민이 필요하다. 특히나 아이라인 반영구의 경우 눈과 아주 밀접한 만큼 더 조심스럽고 더 진지하게 접근해야 한다.

> **Tip!**
> **아이라인 반영구의 기대효과**
> 눈을 또렷하게 보이도록 함 → 생기있는 눈매 표현
> 눈의 단점을 보완함 → 눈이 더 커 보이는 효과

여기서 잠깐

아이라인 반영구 메이크업의 대상!

- 성형 후 눈의 점막이 많이 드러나 보이는 사람
- 눈매 교정 아이라인 시술이 필요한 사람
- 짝눈처럼 보일 수 있는 아이라인이 싫은 사람
- 눈매에 어울리는 아이라인을 찾지 못한 사람
- 땀이 많이 나거나 지성 피부를 가져 화장 유지가 어려운 사람
- 아이라인 메이크업이 서툰 사람
- 눈동자가 작아 눈의 크기보다 눈이 작아 보이는 사람

① 아이라인 반영구의 머신

정말 많은 반영구 머신들이 시중에 나와 있다. 아이라인 반영구 시술은 머신의 장단점을 모두 파악하고, 본인이 시술하기에 불편함이 없는 머신을 선택하는 것이 중요하다. 물론 어떤 머신을 선정하느냐도 중요하지만, 머신과 니들을 어떻게 사용하느냐가 시술에 가장 큰 영향을 미친다.

아날로그 머신

(예: 자이언트머신)

니드와 캡이 입체형이 아니고, 유격이 달라 색소를 뱉는 것이 일정하지 않다. 완충작용이 없어서 데미지가 크고, 소음과 진동이 심한 타입이다.

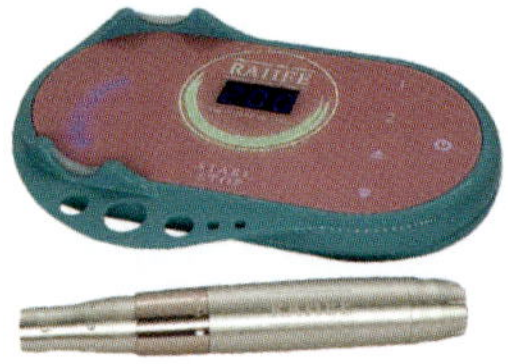

디지털 머신

(예: 코코핑크머신)

니드와 캡이 입체형으로 유격이 같아 색소를 뱉는 것이 일정하다. 머신에 맞는 바늘의 종류가 다양하며, RPM 조절에 따라 상하 운동 조절이 가능하고, 진동과 소음이 작은 타입이다.

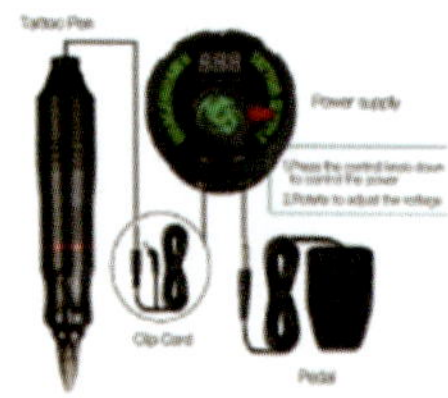

타투 머신

(예: 로러티 펜타입머신)

니드와 캡이 입체형인 카트리지 타입으로, 볼트 조절에 따라 최고점과 최저점의 차이가 크다. 장시간 사용에도 발열감이 없고, 내구성이 우수하다는 장점과 진동이 크고 무겁다는 단점이 있다.

② 아이라인 반영구의 색소

성공적인 반영구 시술을 위해서는 눈으로 직접 확인 가능한 색소의 선택도 중요하지만, 단독 사용이 가능한 색상 외에 보조 색으로 사용되는 컬러까지도 신경써야 한다.

• 블랙 & 다크브라운

아이라인 반영구에서 가장 기본이 되는 컬러로서, 기본적으로 '아이라인'을 떠올릴 때 연상되는 색상이다. 이 컬러의 색소들은 그대로 단독 사용이 가능하다.

블랙

다크 브라운

여기서 잠깐

Fact-Checking! 다크브라운은 컬러가 잘 나오기 어렵다?

많은 사람이 아이라인 시술에 다크브라운 컬러를 원하지만, 실제 시술에서 특히 동양인의 피부 점막 라인에는 표현되기 어렵다. 다크브라운은 특성상 탈각 후 회갈색으로 남는데, 블랙이 덜 착색되어 남은 상태와 비슷하다. 따라서 실제 반영구 시술에서는 아이라인 메이크업 제품과 달리 컬러 만족도가 떨어질 수 있다.

• 레드 & 오렌지

레드와 오렌지는 단독으로 사용하지는 않지만, 보조적으로 쓰일 수 있다.

> **Tip!**
> 혼합색은 1차원적인 베이스 색으로 돌아가려는 성질을 갖는다!

레드

오렌지

2) 아이라인 반영구 시술 Tip

성공적인 아이라인 반영구 시술을 위해서는 통증과 시술 범위, 머신의 각도, 색소뿐만 아니라 고객의 피부 상태까지 체크해야 한다.

① 통증

시술 전 1차 통증 방지제를 사용하고 시술이 진행되지만, 시술 중간 점검으로 2차 연고의 사용이 필요할 수 있다. 고객의 출혈, 부종, 피부 타입 등으로 인한 1차 시술 작업 미완 시 2차 연고를 사용한다. 이때 연고를 시술 부위에 고르게 소량 도포하여 출혈을 막고 2차 시술 시 통증이 없도록 준비하는 과정이 필요하다.

② 시술 범위와 디자인

아이라인 반영구는 정확히 속눈썹 돌기 부분에 위, 아랫부분을 한 땀씩 확장하여 시술해야 한다. 눈꺼풀의 피부조직은 가장 얇기에 과도하게 눈꺼풀 위로 올라가면 모세혈관의 영향으로 탈각 후 푸른 변색이 일어날 수 있다.

시술 부위가 '점막 위(피부)'나 '점막 아래(마이봄샘=기름샘)'로 치우칠 경우, 바늘 각에 의해 라인이 번져 보이거나 원하는 컬러가 나오지 않는다. 따라서 원하는 시술 부위보다 볼륨을 줄여 작업한 후 리터치 시 볼륨을 키우는 방식을 추천한다.

라인은 조금 두껍게 그린다. 라인을 얇게 잡게 되면 눈꺼풀 돌기 부분에 착색이 되지 않아 라인이 끊겨 보일 수 있고, 탈각 후 시술 직후보다 너무 얇은 라인만 남아 만족도가 떨어질 수 있다.

아이라인의 디자인은 '기본형'과 '꼬리형'으로 나눠 볼 수 있다.

기본형

꼬리형

아이라인 디자인

아이라인 반영구의 기본형은 속눈썹 사이사이와 점막 라인만을 채워 자연스럽고 또렷한 눈매를 연출하는 방식이다. 화장한 듯 아이라인 꼬리를 따로 빼지 않으며, 가운데는 도톰하게 가장자리로 갈수록 날렵하게 마무리해 과하지 않고 선명하게 연출한다.

꼬리형 디자인의 경우에도 항상 기본형 라인을 만들어준 상태에서 꼬리 라인을 그린다. 꼬리 라인의 위치는 눈물샘이 시작되는 위치에서 일직선을 그었을 때, 그 선 아래로 내려가지 않도록 하는 것이 바람직하다. 아래쪽까지 채우게 되면 균형이 맞지 않고 답답한 느낌을 줄 수 있기 때문이다.

디테일한 꼬리 라인은 고객의 선호에 따라 상담을 통해 결정한다. 이때 앞트임 효과와 눈매 교정을 원할 경우, 눈매 앞쪽까지 라인을 넣어 시원한 눈매를 완성할 수 있다.

③ 시술 각도

머신의 각도를 제대로 잡지 않으면 피부에 영구적인 손상을 남길 수 있다. 색소가 바늘 각도의 방향으로 흐르기 때문에 피부에서 색소가 번지거나 속눈썹 뿌리 라인의 가장자리 혹은 혈관으로 흘러 들어가 색상이 손상될 수 있다.

또한 니들의 깊이는 최대한 얇게 잡는다. 피부층이 얇은 곳이기 때문에 니들의 깊이 또한 얕게 터치하여 시술 시간을 최대한 짧게 진행해야 한다.

④ 텐션

시술하고자 하는 위치에서 손가락과 손가락 사이에 제일 강한 텐션 압이 생기므로 핸드피스를 이동할 때 텐션의 이동도 중요하다. 눈꼬리가 처진 경우엔 꼬리 부분을 살짝 올려 시술하고, 꼬리가 올라간 경우엔 살짝 내려준다.

⑤ 색소

니들 콕에 눈물이 닿으면 색소를 뱉기도 하지만, 머금기도 한다. 따라서 니들 콕 내의 색소 농도가 묽어져 진한 라인 완성이 어려워진다. 이 경우 니들 콕을 거즈에 대고 잔여 컬러를 모두 뺀 뒤 다시 색소를 머금고 작업한다.

컬러 양으로 인한 번짐은 시술 부위를 가리게 되므로, 색소의 양을 최소화하는 것이 빠른 시술 진행에 도움이 된다.

3) 아이라인 시술 순서

아이라인 반영구 시술은 보통 '상담 - 통증 완화 - 아이라인 디자인 - 시술 - 마무리 - 정리' 순으로 진행되며, 꼼꼼하고 친절한 시술을 위해 차근차근 단계를 밟아 진행하는 것이 좋다.

① 준비

머신, 머신니들 / 아이라인 연고, 2차 연고 / 색소(블랙·다크브라운, 레드·오렌지) / 기타 (색소컵, 실리콘홀더, 화장솜, 머신 거치대 등)

② 상담

전반적인 시술 관련 상담을 진행한다. 이때 안구건조증의 유무를 파악하고, 라인의 두께, 꼬리 및 전체적인 디자인 등에 대해 상의한다. 시술 시 있을 수 있는 불편감 등에 대해 사전에 안내하는 단계이기도 하다.

③ 연고 도포

아이라인 전용 연고를 시술 부위에 도포하고, 랩핑 후 20분 정도 방치한다. 이때 눈에 이물감이 생기지 않도록 눈을 뜨지 않아야 한다.

④ 디자인 및 시술

시술 부위에 바른 연고를 위생솜으로 닦아낸다.

➡ 마커펜을 이용하여 디자인 선을 잡아둔다. 꼬리의 경우

상담했던 고객의 선호에 따라 디자인한다.

➡ 아이라인의 가로선 기준으로는 텐션이 가장 강한 중간 부분을 시작으로 앞머리에서 꼬리 순으로, 꼬리를 제일 마지막에 시술한다.

➡ 세로 두께 기준으로는 밑단의 아웃-라인부터 채우기 시작해, 속눈썹이 난 부분을 채워준다는 느낌으로 윗단의 아웃-라인까지 확장한다.

⑤ 마무리

색소가 눈에 들어가지 않도록 잘 닦아내어 주고, 통증 완화 과정이 필요하다면 보조 제품을 사용하거나 식염수 등으로 흘러내리듯이 씻어준다.

⑥ 정리

필요에 따라 아이라인 전용 재생 크림이나 안연고를 도포해주며, 고객이 추후 관리법에 대해 충분히 숙지할 수 있도록 안내한다.

4) 아이라인 반영구 주의사항

① 마이봄샘

점막 아이라인은 속눈썹 모근이나 점막이 약간 진하게 보이는 경계선까지 시술이 들어간다. 이때 잘못된 시술로 인해 '마이봄샘'이 파괴되지 않도록 각별히 주의해야 한다.

'검판선'이라고도 불리는 마이봄샘은 눈꺼풀 안쪽의 검판에 있는 피지선의 일종으로, 독일 해부학자 H 마이봄이 발견해 '마이봄샘'이라는 이름이 붙었다.

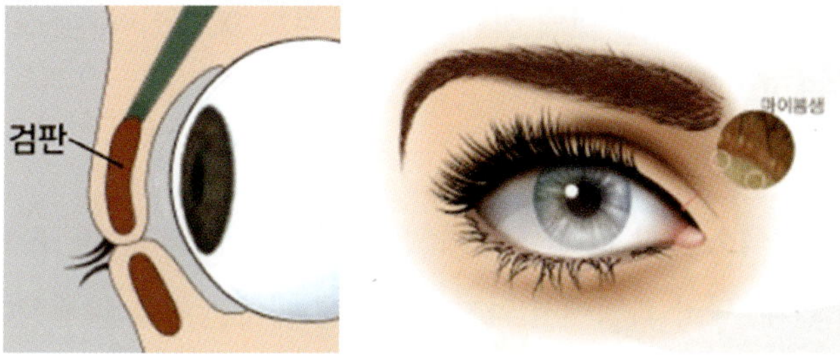

눈꺼풀 구조/마이봄샘

외부 자극으로부터 눈을 보호하는 '눈꺼풀'은 피부층, 근육층, 검판, 결막으로 구성된다. 그중 '검판'은 눈꺼풀을 들어 올리는 근육 안쪽의 단단한 조직으로, 눈꺼풀 형태를 유지하는 역할을 한다. 이곳에 위치한 마이봄샘은 피지를 분비하여 눈의 움직임을 매끄럽게 하고, 지방층을 형성하여 눈물의 증발을 막아주는 역할을 담당한다. 따라서 마이봄샘에 이상이 생기게 되면 수분이 쉽게 증발하고 안구건조증이 생기게 된다. 아이라인 시술 시 절대 점막 경계선을 침범하지 않아야 하는 이유이기도 하다.

② 아이라인 반영구의 잘못된 시술 사례

아이라인 반영구 시술의 잘못된 사례를 알아야 같은 실수를 하지 않을 수 있다. 반영구는 말 그대로 반영구적인 시술인 만큼 신중하고 전문적인 테크닉이 동반되어야 한다. 아이라인 반영구의 패착 요인은 번짐, 색소 흡착, 라인을 벗어난 경우, 디자인의 실패 등에서 찾아볼 수 있다.

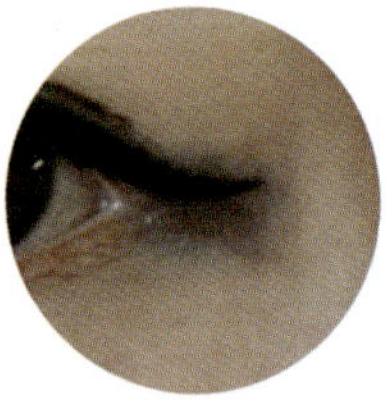

• **번짐:** 시술자의 테크닉 부족과 머신의 각도가 불일치할 경우 생겨나는 실패 사례로, 시술 각도 90도이며, 45도 기울인 위치가 정상 위치다.

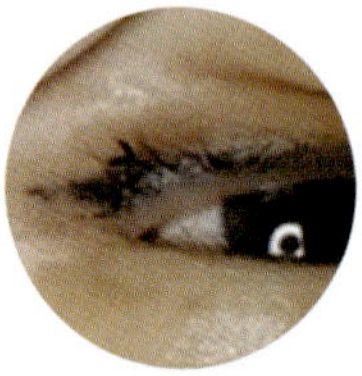

• **색소 흡착 실패**: 시술자의 불규칙한 테크닉과 힘 조절의 실패, 탈각 과정에서 억지로 각질을 떼어낸 경우 발생한다.

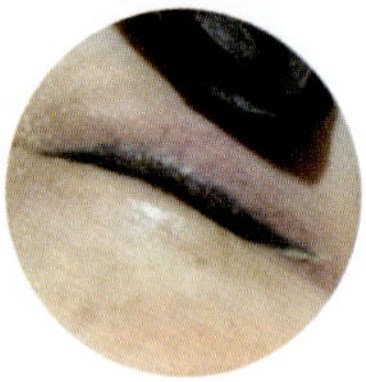

• **점막 라인 이탈**: 초보자가 라인 경계선을 따라 그리지 못하고, 라인을 들뜨게 그리는 경우에 해당한다.

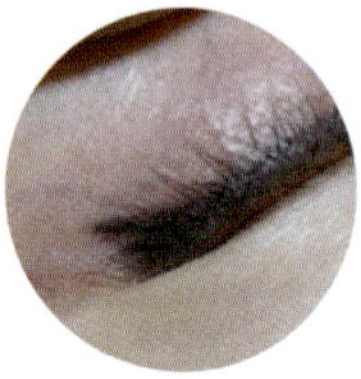

• **디자인 실패**: 제대로 꼬리 라인의 밀도를 채우지 않을 시 두께 차이가 날 수 있고, 중간 점검을 하지 않을 시 양쪽 비대칭이 될 가능성이 있다.

여기서 잠깐

살색 색소의 사용? NO!

색소의 번짐과 흡착 실패로 살색 색소를 덧칠하는 경우가 있는데, 이처럼 시술 수정용으로 사용하는 것을 권장하지 않는다. 아이라인 반영구 시술이 디자인 라인을 벗어나더라도 살색 색소를 이용하여 덧칠하는 행위는 금물! 살색 색소의 경우 레이저 시술로도 제거가 되지 않으므로 주의할 것!

③ 아이라인 반영구 시술 시 주의사항

• 색이 번지는 경우

시술자의 테크닉과 머신의 각도가 일치하지 않은 이러한 현상이 생길 수 있다. 표피층에 시술해야 하며, 눈 형태의 위치에 따라 니들을 시술 부위에서 최대한 90도로 유지하여 주는 것이 좋다.

• 눈물이 많은 경우

시술 부위에 눈물이 많이 있으면 색소가 번져 수차례 닦아내야 하며, 시술 부위에 자극을 주어 부기를 유발한다. 텐션으로 눈물이 흐르는 방향을 바꿔주는 것이 최우선이다.

위 점막 라인 텐션을 기본으로 잡되, 눈이 떠지지 않을 정도로 면을 살짝 들어준다. 이때 손의 받침목 방향을 아래쪽으로 당겨주면 언더와 위 점막이 벌어져, 눈물이 앞골과 뒷골 쪽으로 흘러 시술 부위에 눈물이 맺히는 것을 방지할 수 있다.

• 출혈이나 부기가 생기는 경우

출혈이 생기는 눈은 일반적으로 부기를 동반하는 사례가 많다. 이럴 땐 기존의 테크닉 바늘 길이보다 길이를 더 줄이고, 텐션은 강하게 두되, 바늘 압은 가볍게 하여 시술해야 한다.

④ 아이라인 반영구 시술 후 주의사항

완벽한 시술의 완성은 사후 관리. 최대한 시술 부위에 자극을 주어서는 안 된다는 것은 기본 상식이다. 아이라인 반영구 시술 후 부작용이 나타나지 않으려면 신중하고 숙련된 시술만큼이나 사후 관리가 절대적이다. 따라서 시술자는 시술 후 꼭 주의사항에 대해 확실하게 안내해야 한다.

- 물에 닿지 않게 주의하기
- 안연고 및 재생 크림을 일주일 동안 얇게 소량으로 발라주기
- 땀 흘리는 운동이나 사우나 등은 피하기
- 탈각 전엔 시술 부위의 화장 및 속눈썹 연장은 삼가
- 가피를 억지로 떼어내지 않기
- 시술 후 며칠간 금주 및 금연하기

2 아이라인 반영구 부작용

아이라인 반영구 시술 후 이유 없이 시술 부위 주변이 물이 찬 것처럼 붓거나 모기에 물린 것처럼 반응하는 일들이 종종 발생한다. 아이라인 반영구 시술 후 부작용 증상은 크게 3가지로 볼 수 있다.

혈관에 물이 차면서 일시적으로 부어오르는 현상과 유사한 '묘기증'과 '봉와직염'. 그리고 항원과 항체의 면역반응이 원인이 되어 발생하는 급격한 전신 반응의 '아나필락시스'다.

1) 아나필락시스

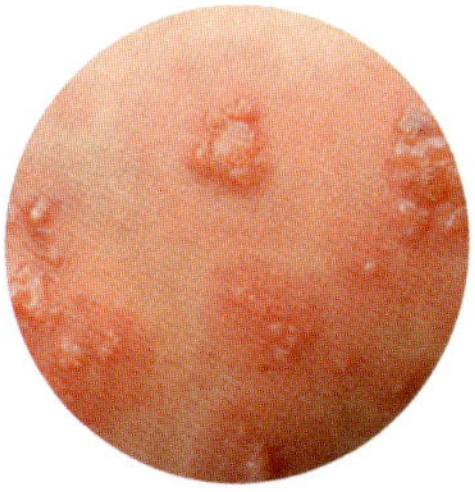

① 아나필락시스의 증상

우리 몸이 '알레르겐[39)]'을 인식하여 면역반응이 일어나면 이를 기억하게 되고, 알레르겐에 대한 'IgE'라는 항체를 만든다. 최초의 면역반응을 일으켰던 알레르겐이 다시 몸속으로 들어와 염증세포 표면에 붙어있던 'IgE'와 결합하면 다양한 염증 매개 화학물질이 분비된다.

이 화학물질의 영향으로 급성 호흡곤란, 혈압 감소, 의식 소실 등 '쇼크 증세'와 같은 심한 전신 반응이 일어나는 것을 '아나필락시스'반응이라고 하며, 반영구 부작용 증세 중 가장 위험할 수 있다.

② 아나필락시스의 원인

아나필락시스는 다양한 원인으로 발생하는데 일상적으로 섭취하는 밀가루, 메밀, 땅콩, 새우나 가재와 같은 갑각류 등을 섭취했을 때도 발생할 수 있다. 흔한 경우는 아니지만 심지어는 단순한 운동만으로 발생하기도 한다. 벌에 쏘이거나 개미에게 물렸을 때도 발생 가능성이 있다.

Tip!
과도하게 채우거나 많은 자극이 이루어지는 터치는 안구건조증을 유발하며, 마이봄샘을 다치게 하여 본연의 기능을 방해할 수 있으니 주의!

아나필락시스를 보이는 대표적인 경우는 거부 반응을 보이는 약물 때문인데, '페니실린'이나 세팔로스포린 계열의 '항생제', 비스테로이드성 '소염진통제' 그리고 적혈구나 혈장과 같은 혈액 제제도 아나필락시스를 일으킬 수 있다.

2) 피부 묘기증

① 피부 묘기증의 증상

두드러기의 일종으로서 물리적인 원인에 의해 발생한다. 예를 들어, 글씨를 쓰듯 피부를 긁었을 때 그 글씨가 피부에 비치는 것과 증상과 유사하다. 손가락에 힘을 주고 피부를 누르거나 긁어보면 해당 부위가 두드러기와 유사하게 가렵고 붉게 변하면서 부어오른다. 약한 자극에도 온몸의 피부 어느 곳에서나 발생한다. 가려워 긁을 경우 더 심한 두드러기 증상이 나타나기도 한다.

이러한 반응이 유독 심하게 나타나는 사람들이 있는데, 우리나라 인구의 약 5% 정도로, 대개 만성적인 경과를 보인다. 피부의 부종과 발적을 보이는 '단순피부묘기증'과 발진 부위에 가려움까지 동반하는 '증상성피부묘기증'이 있다.

② 피부 묘기증의 원인

원인은 아직 확실하게 밝혀지지 않았지만 갑상선 질환, 당뇨병, 감염증과 같은 전신 질환이나 임신, 폐경기, 약물, 스트레스 등에 의해 악화된다는 보고가 있다. 하지만 동반 질환 없이 단독으로 발생하는 경우도 흔하다.

3) 봉와직염

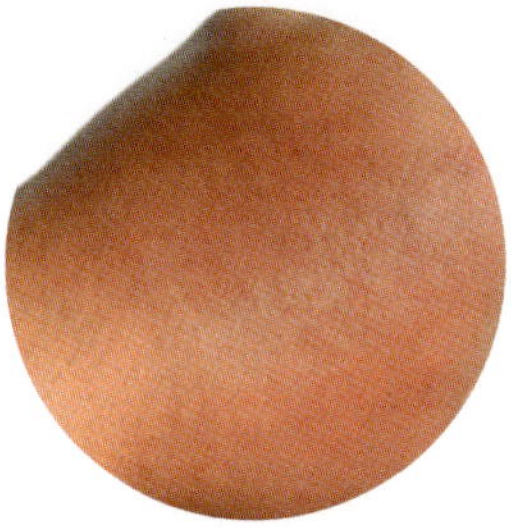

① 봉와직염의 증상

피부의 진피와 피하조직에 나타나는 급성 세균 감염증의 하나로, 세균이 침범한 부위에 홍반, 열감, 부종, 통증이 나타난다. 고령자와 면역억제환자, 말초혈관질환자 등에게서 발생률이 높은 편이다.

발병 초기에 '발열, 오한, 두통, 근육통, 식욕부진, 국소 홍반' 등의 증상이 나타나다가 갑자기 홍반이 뚜렷해지면서 주위로 퍼지기도 하며, 심한 경우 물집이 터진 자리에서 고름이 나기도 한다.

② 봉와직염의 원인

무좀이나 선행 피부 감염, 외상 등이 있는 경우나 곤충에게 물렸을 때 발생하는 경우가 많다. 아이라인 반영구 시술도 연약한 피부에 색소를 주입하면서 자극을 주기 때문에, 흔하지는 않지만 이와 같은 증상들이 나타날 수 있다.

3 입술 반영구

1 입술과 반영구 디자인

입술 반영구는 평소 메이크업을 즐겨 하는 여성은 물론, 남성들까지 그 인기가 전파되고 있다. 창백하고 생기 없는 입술, 칙칙하고 검푸른 입술을 생기 넘치게 바꿔주는 역할을 한다.

1) 입술의 특징

① 입술의 구조와 디자인

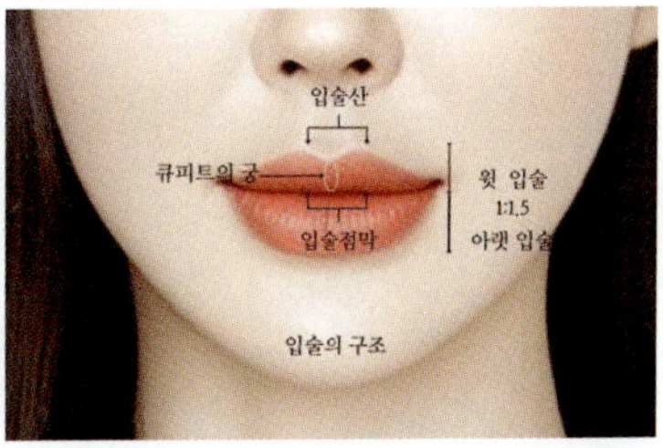

입술의 구조

입술(Lip)은 입의 가장 앞부분 경계이며, '위-아래'로 한 쌍을 이룬다. 보통 아랫입술이 윗입술보다 큰 형태를 보인다. 입술 피부(홍순)에는 털이나 분비샘이 존재하지 않으며, 멜라닌세포도 없어 모세혈관의 붉은 빛이 선명하게 보인다. 반면 입술 바깥쪽은 얼굴과 동일한 피부로 털·지방샘·땀샘 등이 분포한다. 입안은 점막으로 덮여 있고, 입술샘이 있다. '입둘레근'이 입술 틈새를 동그랗게 둘러싸 입을 열고, 닫으며, 오므리거나 휘파람을 불 수 있게 된다.

Tip!

입술 반영구 시술 시 모양 잡는 법!

입술 대칭이 맞는지, 윗입술과 아랫입술의 비율 그리고 전체적인 모양을 확인한 후 입술 라인을 그리고, 입술 전체에 색을 입히듯 시술한다.

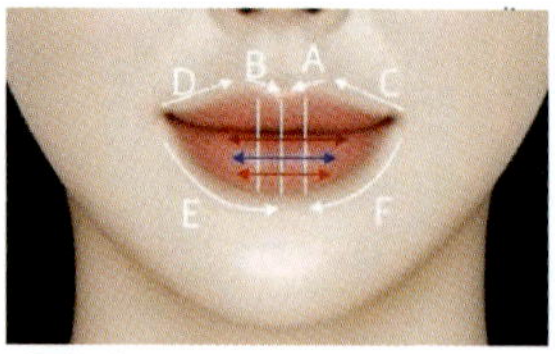

+Point!

전체적인 방향 순서는 상관없지만, 가급적 입술 골을 향하는 방향으로 그린다.

얼굴에서 중요한 비중을 차지하고 있는 입술은 작다면 작은 크기지만, 깨알 같이 입술 산, 입꼬리, 입술 점막 등으로 이루어져 있다.

입술의 유형 및 고객이 원하는 디자인에 따라 입술 구조 중 어떤 부분을 중점적으로 살릴지를 정하게 된다. 예를 들어, 작은 입술의 경우에는 입술을 약간 도톰해 보일 수 있도록 디자인을 잡는다. 단 너무 크게 디자인할 경우 어색해 보일 수 있어 1~1.5mm 정도 입술 라인을 살짝 넘게 시술하는 것이 좋다.

② 균형 잡힌 입술 비율

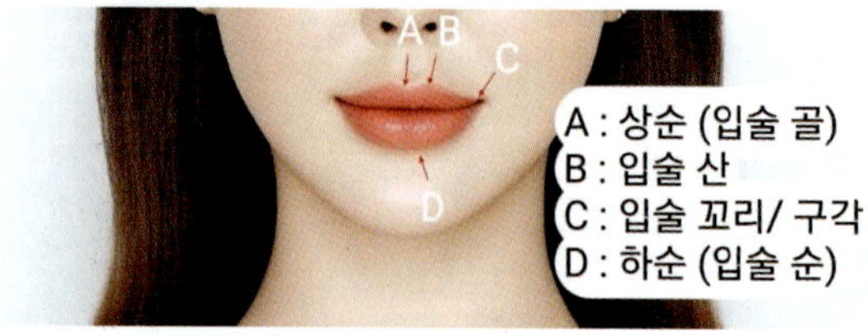

입술의 기본 형태

입술의 기본 형태를 위와 같이 보았을 때, 입술 골(A)부터 입술 꼬리(C)까지의 거리가 1: 2가 되는 위치에 입술 산이 위치하는 것이 좋은 비율에 해당한다. 또한 윗입술과 아랫입술이 높이가 2: 3 정도면 황금비율로 본다. 이런 균형이 잡힌 입술은 아름답고 안정적으로 보일 수 있다. 특히 입술 꼬리가 휘어져 올라가면 미소를 머금은 듯한 밝은 인상을 줄 수 있다.

입술 비율

균형 잡힌 입술 라인을 그리기 위해서는 입술 비율에 대한 이해와 라인을 그리는 일련의 준비과정이 필요하다. 입술 비율을 조정하여 아름답게 표현하는 것도 중요하지만, 본래의 입술 라인에서 무리하게 벗어나서는 안 된다.

각 개인에 맞는 디자인을 찾아주는 것도 반영구인이 해결해야 할 몫 중 하나다. 사람의 이목구비와 얼굴형은 모두 다르기에 공장처럼 획일적으로 찍어내는 기술을 선보이다간 부자연스러움을 초래할 수 있다.

Tip!

손가락 끝이 붉은 이유도 입술과 같이 혈관이 많기 때문!

③ 입술의 색과 반영구 기법

"앵두 같은 입술"이라는 표현처럼 입술은 대게 붉은색이라고 생각되는 경우가 많다. 입술이 붉게 보이는 이유는 입술에 있는 진피 혈관의 수가 다른 피부에 비해 많고, 얇은 피부층(점막)으로 쉽게 비추기 때문이다. 그래서 입 주위는 다른 부위와 비교했을 때 외부적인 요인으로 쉽게 자극된다.

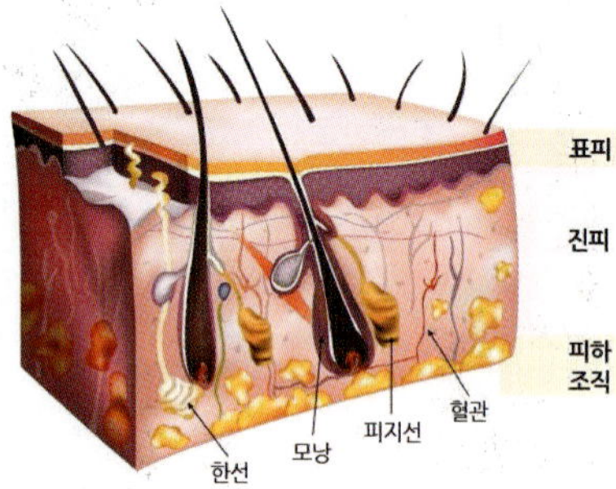

피부의 구조

피부학에서 살펴보았듯 피부는 일반적으로 외부에 접해 있으면서 표면의 세포가 각화되어 외부의 영향으로부터 우리 몸을 보호하기에 적합한 구조로 이루어진다. 반면 입술의 경우 표피 구조가 다른 피부와는 다르게 얇고, 각화되지 않는다.

여기서 잠깐

입술이 검게 변하는 원인

- 몸에 이상 증세가 있는 경우
- 잘못된 화장 클렌징 습관과 입술 각질
- 출산 후 호르몬 변화 및 자외선 노출
- 잦은 흡연과 음주

입술 반영구는 어울리는 두께와 디자인, 피부에 맞는 색상으로, 입술 표피층에 색소를 주입하여 '입술의 생기와 볼륨, 윤곽'을 살려준다. 크게 두 가지 기법이 사용되는데, 립 메이크업과 동일하게 라인을 확실하게 잡는 '풀립 기법'과 라인이 두드러지지 않게 그러데이션되는 '틴트 기법'이 있다.

풀립 / 틴트

Tip!

반영구 테크닉의 기초 기법

지그재그기법

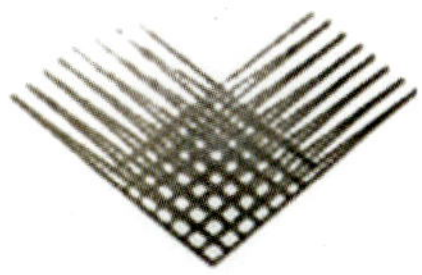

사선기법

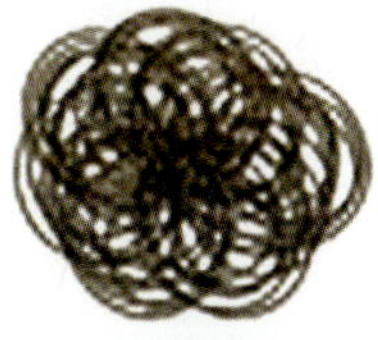

원형기법

• 풀립 입술

입술 라인을 또렷하게 잡아주고 색을 채워가는 방식이다. 입술 풀터치 시 중점적으로 보아야 할 것은 '윗입술과 아랫입술의 비율', '입술 산과 구각의 전체적인 조화'다.

➡ 인중을 기준으로 2등분하여 한쪽씩 착색시키는 것이 좋다. 시술자에게 맞는 기법을 사용하여 3~4회 정도

반복하여 시술한다.

• 틴트 입술

입술의 가장자리 부분은 연하게, 입술 안쪽을 진하게 표현하여 틴트를 바른 것 같은 효과를 주는 방식이다. 최근에 가장 많이 하는 시술법으로 자연스러운 입술 색상을 나타낼 수 있다는 장점이 있다.

➡ 입술 중앙을 제일 많이 착색시키고, 가장자리로 갈수록 연하게 그러데이션을 넣는다.

2) 입술 시술 순서

① 준비

머신, 머신니들(4플랫, 3·5라운드) / 1차, 2차 연고 / 색소 / 기타(색소컵, 실리콘홀더, 화장솜, 머신 거치대 등)

② 상담

전반적인 시술 관련 상담을 진행한다. 이때 색소 컬러를 선택하고, 시술 전 사진을 남겨둔다. 색소는 고객의 본래 입술 색상에 따라 컬러 선택의 폭이 달라진다.

입술의 컬러감이 없는 케이스는 '레드, 핑크, 오렌지' 등 원하는 색상의 색소 선택이 가능하다. 반면 입술 색이 어두운 경우 1차 '오렌지', 2차 '레드오렌지'로 마무리하는 방법을 권한다.

그러나 2024년 현재, 입술 중화 방법은 전 세계적으로 크게 변화하고 있다. 과거에는 보색 개념을 활용하여 오렌지 계열의 색소를 입술 중화에 사용했지만, 현재는 흰색 색소를 이용한 은폐 방법이 널리 활용되고 있다. 이 방법은 1차 베이스 작업에서 화이트 계열의 색소를 사용하여 어두운 입술을 가볍게 덧입힌 후, 2차 작업에서 원하는 색상을 레이어링하여 어두운 입술을 효과적으로 은폐하는 방식이다.

그러나 흰색 색소는 주로 무기 색소인 티타늄 디옥사이드를 기반으로 하며, 레이저에 반응하지 않는다. 또한, 농도 조절에 실패할 경우 텁텁한 느낌이 들 수 있으므로, 사용 시 충분한 연습과 주의가 필요하다.

③ 각질 제거 및 연고 도포

입술의 각질을 탈락시켜 각질 형성 주기를 늦춰줌으로써 색소 침착 시기를 늘릴 수 있으므로 꼭 거쳐야 하는 단계다. 각질 제거 후 1차 연고를 도포하고, 랩핑 후 15~20분 정도 방치한다.

④ 시술

립라인: 가로 직선을 반복하며 착색의 정도가 고르도록 한다.

➡ **풀립**: 지그재그, 사선, 원형 기법 등을 선택해, 빈공간이 없도록 시술한다.

틴트: 입술의 중앙 부분부터 롤링하여 가장자리로 갈수록 가볍게 롤링한다.

➡ 중앙 부위에 롤링 횟수를 늘려 가장자리 부분과 경계가 생기지 않도록 한다.

⑤ 마무리

화장솜으로 닦아낸 뒤 비어있는 공간이나 수정이 필요한 부분은 바로 시술한다.

⑥ 정리

시술 후 사진을 남겨두고, 고객에게 추후 관리법 및 항바이러스제 복용과 연고 도포에 관해 상세히 안내한다.

3) 입술 반영구 주의사항

입술은 다른 피부와는 달리 얇은 점막으로 되어 있어 면역력이 약해지면, 바이러스에 감염될 수 있는 예민한 부위다. 시술 시에는 반복적인 터치는 피하며, 가벼운 터치로 작업해야 한다.

① 입술 시술 시 주의사항

• **착색**

기본적으로 입술이 촉촉한 상태에서 시술하면 착색이 더 잘 이루어지게 된다. 입술은 각질 제거 후 시술하면 더 빠른 시술이 가능하며, 착색에도 도움이 된다. 입술은 일반적인 피부와 달리 탈각률이 높아 시술 후 색소 소실이 10~30%

이상을 차지한다. 시술 후 각질을 억지로 떼어내지 않는 것과 보습제를 꾸준히 도포하는 것은 색소 소실을 줄이는 방법 중 하나다. 따라서 고객에게 시술 후 관리를 매우 신경 써야 한다는 점을 강조해 설명하는 것도 중요하다.

입술 라인의 가장자리, 입꼬리 부분은 색이 진하게 남기 때문에, 절대로 서로 연결해서는 안 된다. 또 입술 확대 시술 시, 립 라인과 피부의 경계 부분은 색소 주입이 다소 어려워 색상의 차이가 나지 않도록 유의하여야 한다.

• 출혈과 멍이 드는 이유

터치가 강하거나 한 부위에 오래 머무르는 경우 모세혈관이 손상되어 출혈이 발생할 수 있다. 특히, 처음 시술 시보다 리터치 시 탈각 후 재생된 피부는 일반 피부보다 더 약해 짧고 간결한 시술을 권장한다.

시술 시 사용하는 2차 통증 방지제는 혈관을 수축시켜 출혈을 잡아주며 지혈 효과를 제공한다. 이로 인해 동맥이 얇아지고 정맥의 색이 부각되어 푸른빛이 돌며, 주변 피부가 하얗게 변하고 피부가 단단해지는 특징이 있다. 이 경우, 강한 스트레칭이나 텐션으로 인해 쉽게 멍이 들 수 있으므로 주의가 필요하다.

입술의 큐피드 보우(cupid bow) 부위는 감각 수용체가 밀집되어 있어 통증이 가장 크다. 과도한 텐션과 강력한 터치는 부기와 멍의 원인이 될 수 있으므로, 발색을 천천히 기다리며 작업 마지막 단계에서 터치하는 것을 추천한다.

• 염증의 4대 반응

발적 (Redness, Rubor) → 통증 (Pain, Dolor) → (부종, Swelling, Tumor) → (출혈, Bleeding)

각 단계는 염증 반응의 연속적인 과정을 나타냅니다.

1.붉어짐(발적,Redness, Rubor)
염증 부위의 혈관 확장으로 인해 붉어짐.

2.통각 (통증, Pain, Dolor)
상처 부위의 통증 수용체가 자극을 받아 통증이 발생함.

3.조직액 (부종, Swelling, Tumor)
염증 반응으로 인해 혈관 투과성이 증가하고, 혈관 외부로 액체가 유출되면서 부종 발생.

4.혈관 손상 (출혈, Bleeding)
외부의 물리적 손상으로 인해 혈관이 파열되어 혈액이 상처 부위로 유출됨.

• 상처 치유의 4대 반응

1.지혈 (Hemostasis) → 혈관 수축 → 혈소판 응고 → 출혈 멈춤

2. 염증 (Inflammation) → 백혈구 이동 → 세균 제거 → 손상 조직 청소

3. 재생 (Proliferation) → 새로운 세포 생성 → 혈관 생성 → 상처 채우기

4. 재형성 (Remodeling) → 조직 재구성 → 강도 증가 → 상처 회복

• 수포

시술 전에는 특히 '헤르페스 바이러스'에 대한 설명이 동반되어야 한다. '헤르페스(Herpes)'는 집합성의 작은 수포를 특징으로 하는 급성 염증성 피부질환이다. 평소에는 잠복 상태로 증상이 없다가 자극을 받거나 면역력이 떨어지면 입술 주변에 수포 형태로 발병한다. 따라서 해당 질병의 과거 이력이 있다면 시술 전후로 '아시크로정[40)]'을 3일간 복용하는 것을 권장해야 한다. 한국에서는 해당 의약품을 복용하기 위해 의사의 처방전이 필요하기에 입술 시술의 예약을 받을 당시 미리 안내하는 것이 좋다.

수포는 고객의 체질 등에 의해 생길 수 있으며, 시술 후 고객의 사후 관리 또한 중요한 역할을 한다. 소독 후엔 재생크림을 도포하는 과정이 필수적이다. 만일 시술 중 수포가 생겼다면 소독된 도구로 터뜨려 번지지 않게 한 후 항생제를 도포하여 처리한다. 반드시 소독된 도구와 일회용 제품을 사용하고, 고객에게 사후 관리 요령을 알려주어야 할 의무가 있다.

② 입술 시술 후 주의사항

반영구 화장은 시술자의 실력도 중요하지만, 사후 관리는 피시술자의 몫이다. 사후 관리는 유지 기간과 안정성에 큰 영향을 주기 때문에 주의사항을 충분히 숙지하고 고객에게 안내하는 것이 중요하다.

- 시술 부위가 붓고 욱신거릴 수 있어 물에 닿지 않게 얼음찜질하기
- 음식 먹을 땐 입술에 닿지 않도록 주의하기
- 연고와 보습 제품은 면봉으로 바르기
- 수포가 잘 나는 경우 3~4일간 약 복용을 권장하기
- 일주일간 사우나, 찜질방, 격한 운동 등은 피하기
- 긁거나 비비는 행위, 각질을 떼어내는 행위는 하지 않기
- 일주일간 과음과 흡연, 키스는 감염의 위험이 있으므로 금지하기

Tip!

특히 헤르페스 보균자는 3일 이후 각질이 탈각되면서 수포가 올라오기 시작하기 때문에 해당 주의사항은 꼭 안내할 것! 또한 미리 약을 처방받아 사전에 복용 후 시술하는 것을 권장!

2 입술 반영구의 부작용

1) 입술 헤르페스(구순포진)

헤르페스 감염자는 반영구 시술 후 며칠 뒤 물집이 생길 수도 있다. 반영구 시술 시 머신의 수직 운동으로 피부조직을 자극하기 때문에 바이러스가 활성화되어 나타나는 증상이다. 입술 반영구는 최소한의 자극으로 시술해야 하며, 고객에게 입술 관리법을 충분히 안내해야 하는 이유이기도 하다.

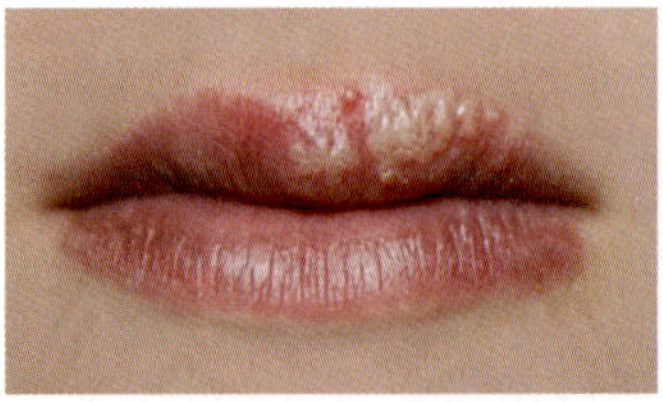

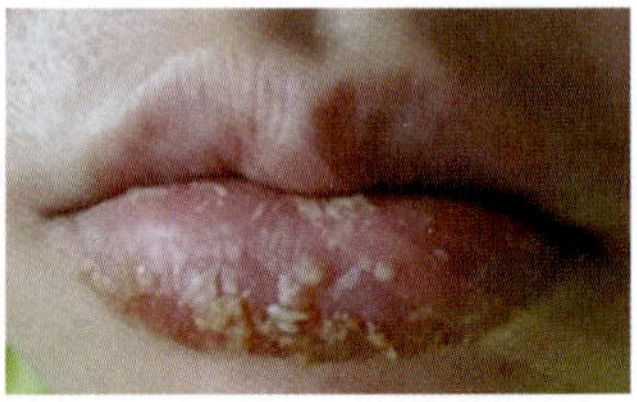

헤르페스 보균자의 입술 사례

입술 헤르페스는 '헤르페스'라 불리는 바이러스 감염에 의해 피부에 포진과 홍반이 일어나는 전염성 바이러스 질환으로, 특히 입가 부위에 많이 발생하여 '입술 포진'이라고도 불린다. 평소에는 잠복기로 무증상 상태이지만, 자극에 의해 바이러스가 활성화되면 증상이 재발한다.

피부 점막이나 손상된 피부가 헤르페스 바이러스에 노출되었을 때 접촉에 의해 감염이 일어난다. 접촉을 통해 감염되기 때문에 특히 타인의 체액에 노출되지 않도록 주의해야 한다. 감염 후 바이러스는 피부의 표피와 진피에서 증식한 후 주변 세포 속으로 침투한다. 이후 감각 신경에 잠복 상태로 존재하다가 열이나 햇빛, 스트레스, 생리 등 면역력이 떨어지거나 몸이 피곤하면 활성화된다.

헤르페스에 감염 시 입술에 따끔거리는 통증을 동반한 물집이 생긴다. 입술 외에 볼, 턱, 코 부분에 나타나는 경우도 드물게 있고, 열과 림프 돌기의 부종, 몸살 등의 증상이 발생한다. 수포를 동반한 물집이 생기면서 화끈거리는 느낌과 함께 통증이 있지만 심한 정도는 아니며, 세안이나 음식 섭취 시 물집이 터져 딱지가 엉겨 붙을 수 있어 주의해야 한다.

① 헤르페스의 치료

헤르페스는 불치병으로 완전한 치료가 불가능하다. 안타깝게도 이 바이러스는 초기 감염 이후 체내에서 완전히 제거되지 않으며, 평생토록 피부 신경 말단에 숨어 있다. 정신적인 스트레스와 피곤함, 자외선이나 열, 성접촉, 면역저하 등 다양한 원인에 의해 쉽게 재발할 우려가 있기 때문에, 평소에도 충분한 휴식과 몸의 컨디션을 좋게 유지하려는 노력이 필요하다.

헤르페스 발병 시 바이러스 증식은 발현 후 24시간 내 가장 활발하기에 고객의 상태를 체크하여 초기에 약을 복용할 수 있도록 해야 한다. 초기에 항바이러스제, 아시크로정을 복용하면 바이러스 복제를 억제하여 염증반응을 최소화할 수 있다. 수포가 올라오기 전 통증, 발열감 등의 전조증상이 나타나면 병원을 방문하여 추가로 정확한 진단을 받은 후 즉시 복용해야 한다.

감염자가 아니더라도 시술 전후에 항바이러스제를 복용하고, 감염 시 아시클로버 성분의 항바이러스 연고를 함께 발라주는 것이 좋다.

Tip!

헤르페스 발생 시 주의사항

- 화장품 사용 금지
- 스테로이드 성분의 연고 사용 금지
- 타인과의 접촉 피하기

2) 포다이스반

나이가 많거나 평소 피부관리에 큰 관심이 없는 남성들 사이에 주로 생기고 있는 포다이스반은 입술 반영구 시술의 색소 주입에 있어 불편을 겪는 요소 중 하나다.

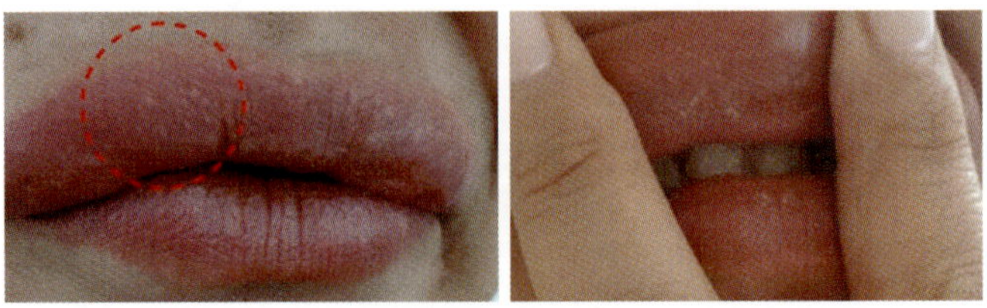

포다이스반의 사례

포다이스반이란 피지선이 없어야 할 부위에 피지선이 존재하여 노란색 또는 하얀 점들이 좁쌀처럼 보이는 증상이다. 태어날 때부터 병변이 존재하는 선천적인 질병으로, 사춘기 이후 성호르몬의 영향을 받기 시작하면서 피지선의 크기가 커져 눈으로 직접 확인할 수 있다. 이 경우 피부조직이 딱딱하게 피지선으로 변형되어 색 주입이 더디고 어려워지게 된다. 따라서 입술 반영구 시술 시 "색소 주입을 계속했는데 왜 색이 안 나오지?"라는 의문을 가지게 되는 경우 중 한 가지이기도 하다.

50개 이상의 군집형 포다이스반이 보인다면 시술 작업을 권장하지 않는 것이 좋다. 포다이스반 부의의 시술 터치법은 왼손으로 해당 부위를 핀칭후 닷팅을 추천한다.

여기서 잠깐

헤르페스와 포다이스반의 차이점

헤르페스의 특징	포다이스반의 특징
- 바이러스 침투로 인해 감염	- 선천적으로 병변되는 질환
- 재발 가능성이 높음	- 지성 피부에 많이 나타남
- 타인에게 감염시킬 수 있음	- 크기·개수에 따라 완치가 결정됨

① 포다이스반의 치료

일반적으로 피지선은 모발 또는 털과 함께 짝을 이루어 존재한다. 입안 또는 점막 등에는 털이 나지 않는 것처럼 일반적으로 입술에는 피지선이 존재하지 않는다. 포다이스반은 그런 부위에 피지선이 나타나는 것으로 치료가 가능하다.

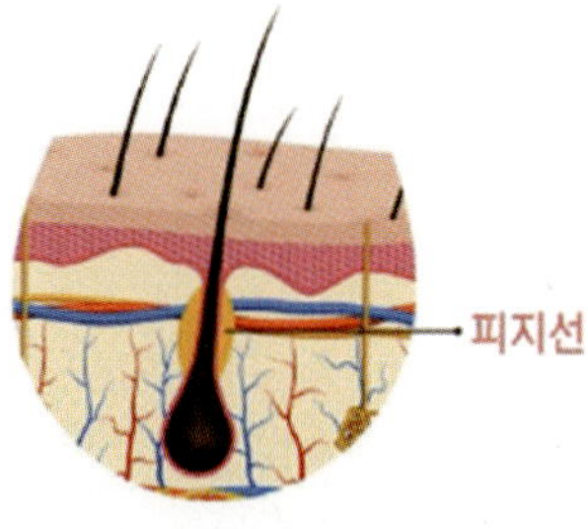

피지선 구조

우리나라의 경우 레이저 치료나 고주파 치료가 주로 쓰이고 있다. 각각의 치료법에 대한 피부과 전문의들과의 정확한 상담 및 치료를 받는 것을 추천한다.

여기서 잠깐

포다이스반 치료방법의 장단점

- 레이저 치료: 일반적으로 알고 있는 점 빼기 시술과 같이 제거하는 방법으로, 치료 효과에 대한 좋은 평을 받는다. 다만 미세한 흉이 남을 수 있다.
- 고주파 치료: 바늘처럼 생긴 침을 사용해 전기적 고주파를 주어 물리적으로 파괴하는 방법으로, 표피 손상 없이 진피 내 위치한 피지선만 선택 제거가 가능하다는 장점이 있다.

포다이스반은 피부 자체의 변형으로 단면이 매끄럽지 않기에 입술 반영구 시술에도 여러 어려움을 겪을 수 있는 경우 중 하나다. 포다이스반이 눈에 띄게 많은 경우는 반영구로 색상을 주입하기보다 피부과에서 전문가와 함께 상담 후 레이저 시술을 받는 것을 권장한다. 안전하고 확실한 시술, 피부조직에 대한 이해도는 성공적인 반영구 화장의 첫걸음이다.

4 헤어라인 반영구와 SMP

눈썹과 아이라인, 입술 반영구가 메이크업을 베이스로 하는 반영구 시술이라면, 헤어라인 반영구와 SMP는 그 범위와 목적이 한층 확대된 형태라고 볼 수 있다. 반영구화장이 점점 더 이목구비에서의 적용 범위가 넓어져 가는 만큼, 미용 목적뿐만 아니라 의료 목적으로까지 발전해 가는 추세다. 헤어라인 반영구와 SMP는 그 중간 지점에 위치한 시술이라고 볼 수 있다.

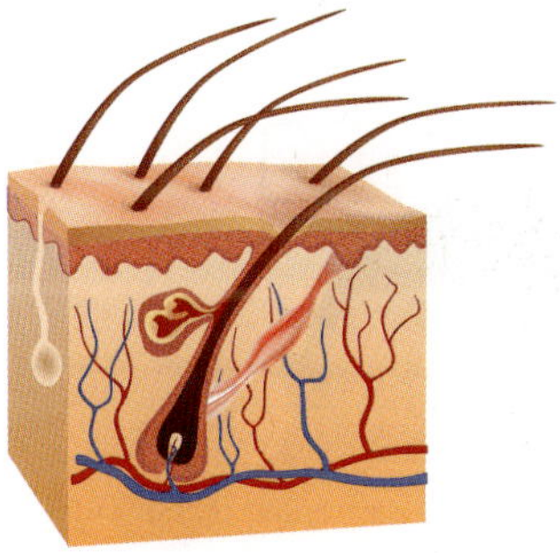

두피 구조

특히 헤어라인 반영구와 SMP는 두피에 직접 시술하는 것으로, 혈관이 잘 발달되어 출혈 발생이 쉽다. '두피(Scalp)'는 머리 부위를 덮고 있는 피부로, 다른 피부 부위와 달리 특수한 구조로 이루어진다. 뒤통수근(후두근)과 이마근(전두근), 관자근을 연결하는 질긴 섬유성 막, '널힘줄(건막)'이 있는 것이 차이점이다.

1 헤어라인 반영구

헤어라인 반영구는 '헤어라인(hairline) 교정'이 필요할 때 받게 되는 시술이다. 이마는 그 모양과 위치에 따라 이미

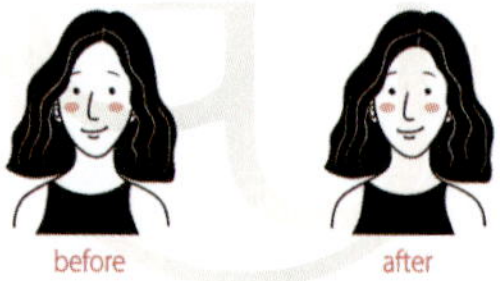

헤어라인 전후 차이

지가 크게 달라지며, 사람의 인상을 결정하는 데 매우 중요한 요소다. 올라간 헤어라인으로 인해 이마가 넓어지면 얼굴이 길고 커 보이게 된다. 이를 보완하기 위해 화장품으로 고민 부위를 가리기도 하지만, 근본적인 문제 해결은 아니기에 헤어라인 교정 시술이 필요하다.

반영구 헤어라인 교정 시술을 통해 다소 넓거나 불규칙적으로 비어있는 이마 부분 등 기존의 단점을 자연스럽게 보완할 수 있다.

Tip!

이마 형태에 따른 이미지와 보완 방법

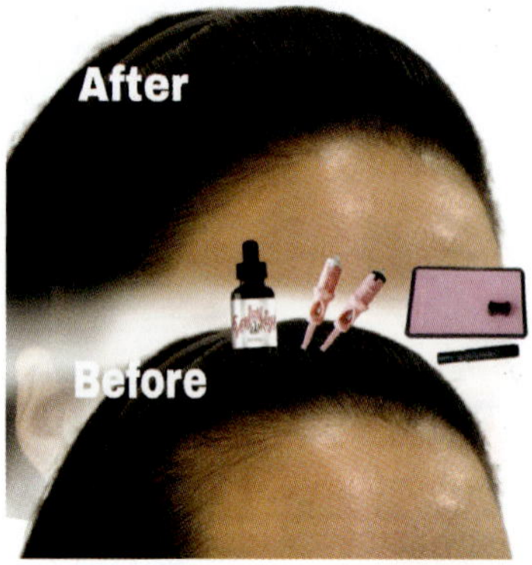

- M자형 이마: 사나운 인상과 남성적인 이미지

→ 여성형 탈모의 대부분을 차지하는 머리카락 분포 양상으로, 양옆으로 깊게 파인 헤어라인을 자연스럽게 채워 보완한다.

- 사각형 이마: 투박한 인상과 큰 얼굴

→ 얼굴 뼈가 두드러져 보이는 특징이 있어 측면에서 보면 눈썹꼬리와 헤어라인의 간격이 넓으므로, 양옆으로 각진 헤어라인을 약간 사선 형태로 디자인해 보완한다.

1) 성공적인 헤어라인 반영구

헤어라인의 빈 부분을 메꾸는 시술이지만, 잔모가 어느 정도 있는 상태여야 성공적인 반영구가 가능하기에 잔모가 없는 사람에게는 추천하지 않는다. 만약 잔모가 없는 곳에 반영구 시술을 받게 되면, 모질의 질감과 볼륨감을 살릴 수 없어 부자연스러운 티가 나게 된다. 또 색상이 탈각되는 과정에서 지저분한 잔흔과 얼룩을 남기도 한다.

Tip!
선천적으로 넓고 툭 튀어나온 이마, 잔모가 없는 이마를 가진 사람은 헤어라인 반영구 화장은 절대 금물!

더군다나 얼굴에 가까운 피부는 헤어라인 반영구 시술을 받게 되면 피부가 섬유화되어, 헤어라인 모발이식 수술 시 생착률이 떨어지고 만족도가 낮아지게 된다. 반대로 잔모가 발달한 부분에 모발이식을 받게 되면 정상모 세포까지 손상을 줄 수 있다. 넓은 이마를 가진 사람은 대부분 쉽고 빠른 헤어라인 반영구를 생각하지만, 본인에게 어떤 것이 더 나은지 판단 후 최대한 자연스러움을 연출하는 쪽을 선택해야 한다.

여기서 잠깐

헤어라인 반영구 메이크업의 대상!

- M자형 이마: M자형 탈모로 올림머리가 어울리지 않거나 이마가 넓어 보이는 사람, M자 이마로 인상이 강해 보이는 사람
- 불규칙한 이마 라인: 지저분하거나 울퉁불퉁한 잔머리로 얼굴형 정돈이 필요한 사람, 이마가 넓어 왁싱으로 단점을 보완하기 힘들지만 깔끔한 이마 라인을 원하는 사람
- 모발이식 후: 모발이식 후에 어색해 보이는 이마 라인을 정리하고 싶은 사람
- 길거나 큰 얼굴형: 기존의 얼굴형에서 이마를 좁혀 단점을 보완하고 싶은 사람, 부드럽고 입체적인 계란형의 여성스러운 이미지를 원하는 사람

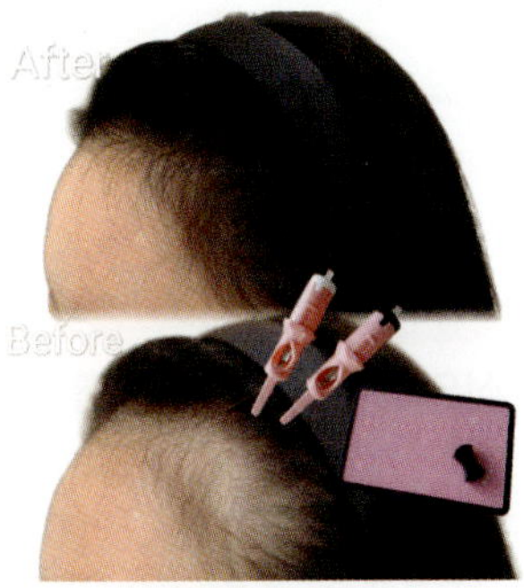

헤어라인 추천 유형

M자형 이마에 어느 정도 잔모가 있다면 굉장히 드라마틱한 결과를 얻을 수 있다. 헤어라인 모발이식 수술을 받고, 아쉬운 부분을 헤어라인 반영구로 보강하는 것을 추천한다.

① 피부 섬유화

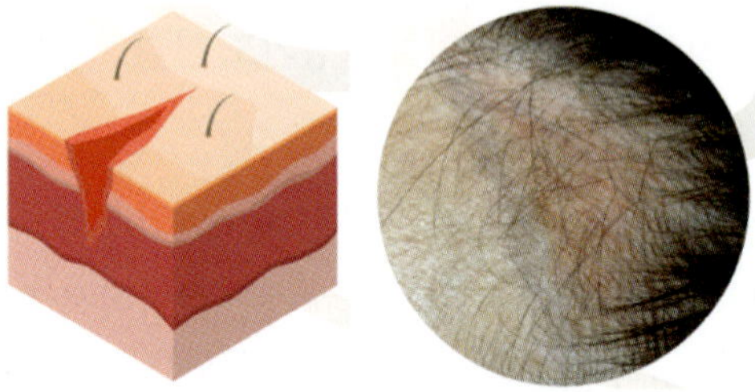

섬유화된 피부조직/헤어라인 잔흔

섬유화된 피부란 손상된 피부층의 뭉침이 원인이 되어 세포가 밀집되면서 딱딱한 느낌을 주는 것으로, 완전한 회복까지 시간이 많이 소요된다. 피부의 세포 균열이 무너져 겉만 단단하고 속은 약한 피부 타입이다. 섬유화된 세포는 굴곡이 있는 피부를 만들게 되는데, 이를 '홍살'이라고 부른다.

'홍살'은 피부가 손상을 입고 그 피부가 복구되는 과정에서 나타나는 특정한 현상을 가리키는 말이다. 이는 피부의 과도한 섬유화 현상으로, 피부의 손상 부위가 과도하게 회복되어 피부 표면이 원래의 상태보다 더 두꺼워지고 딱딱해지는 현상을 의미한다.

피부 손상이 일어나면, 우리의 몸은 손상된 부위를 복구하기 위해 콜라겐을 생성한다. 그러나 때때로 이 과정이 과도하게 일어나면, 콜라겐이 과하게 쌓여 피부 표면이 두꺼워

> **Tip!**
> **섬유화된 피부에 반영구를 권장하지 않는 이유**
> - 색소 주입의 어려움
> - 지저분한 잔흔 및 얼룩 발생
> - 모발 이식 시 생착률 감소

지고 딱딱해진다. 이렇게 변한 피부는 원래의 피부보다 색소 주입이 어려워져 색이 달라질 수 있다.

홍살은 만져보면 일반 피부보다 단단하며, 때때로 색이 붉게 변할 수 있다. 이는 피부 손상 부위에 혈관이 더 많이 형성되기 때문이다. 이런 홍살은 피부가 완전히 회복될 때까지 시간이 꽤 소요될 수 있다.

과거의 상처로 인해 세포들이 더욱 단단한 방어벽을 만들어 주변 피부보다 표면이 단단하고 매끄럽지만, 모근세포가 죽고 색소 주입이 어려운 '방수막 형태'로 바뀌게 된다.

섬유화된 피부조직의 특성상 모발이 자라기 어려워 부자연스러운 느낌을 주게 되고, 동시에 흉터 부위에 색을 주입하고 탈각되는 과정에서 더 어색한 티가 난다.

② 잘못된 헤어라인 시술

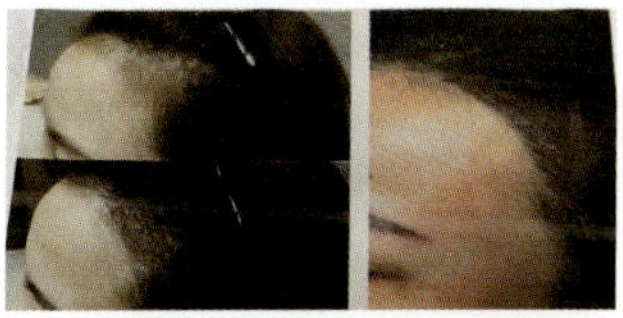

잘못된 헤어라인 시술 사례

헤어라인 반영구 시술 시, 고객의 기존 머릿결과 머리카락 색을 고려해야 하며, 최대한 얇은 결 표현으로 자연스러움을 극대화하는 방향으로 시술해야 한다. 만일 이를 무시하게 될 경우 부자연스러운 느낌이 강하게 나타나기 때문에 좋은 시술 결과를 얻기 힘들다. 기존의 머릿결을 무시하고 무조건 채우기만 하는 시술은 헤어라인 반영구의 대표적인 실패 사례에 해당한다.

Tip!

시술 후 주의사항

- 시술 부위는 24시간 동안 약을 잘 바르고 물이 닿지 않게 주의한다.
- 일주일간 땀이 많이 나는 운동 등은 피한다.
- 샴푸 시 시술 부위를 세게 문지르지 않는다.
- 각질 탈각 전까지 보습제를 면봉을 얇게 펴 발라준다.
- 일주일간 유분기가 있는 화장품은 사용하지 않기
- 파마, 염색 등의 시술은 리터치 시술 한 달 뒤에 하는 것을 권장한다.

2) 헤어라인 반영구 시술 후 주의사항

반영구 시술 후 관리를 잘 하지 않으면 예쁜 결과를 유지할 수 없다. 반영구 시술은 어쩔 수 없이 피부의 손상과 직결된다. 충분한 관리로 피부가 재생할 수 있는 시간을 만들어주는 것은 매우 중요하다. 사후 관리도 "시술의 연장선"이라는 생각으로 피시술자에게 꼼꼼히 설명해주어야 한다.

위 주의사항은 SMP 시술 후에도 동일하게 적용된다.

2 SMP(두피 반영구)

SMP(Scalp Micro Pigmentation) 시술은 미세 색소 침착을 두피에 밀착시키고, 가늘게 작업해 헤어라인에 밀도를 추가하는 의료·비수술용 시술이다. 밀도를 높여줌으로써 머리카락이 부족한 것이 드러나지 않게 하는 원리이다. 모발이식이나 화상의 시각적 영향, 탈모증과 같은 두피 상태를 숨기는 것이 목적이다.

침착된 색소가 모근처럼 보이게 하는 효과가 있다. 부분 탈모나 전체적 탈모가 진행 중인 사람들이 주 시술 대상자다. 가르마나 정수리 부분의 콤플렉스 커버와 상처로 인해 모근이 없는 자리의 커버가 가능하다는 점에서 젊은 층 사이에서도 선호하는 시술이다. 탈모로 인해 스트레스를 받는 사람들이 점점 더 늘어나고 있다. 젊은 사람들도 예외가 아

Tip!

SMP 시술의 경우 1회 시술만으로 끝나는 작업이 아닌 3~4회 정도의 시술로 나누어서 진행된다!

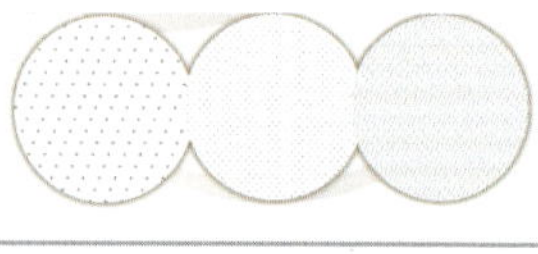

니므로 SMP는 점점 더 인기를 끌 것으로 전망한다.

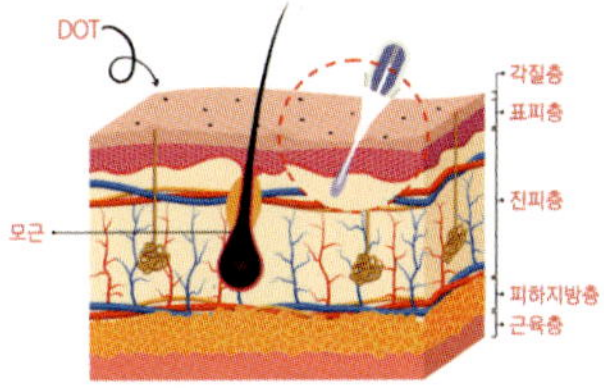

1) 성공적인 SMP 시술법

SMP 시술은 펜 타입의 머신을 이용해 고객의 두피에 모근과 같은 점을 찍는 시술이다. 초당 수십 회를 움직이는 미세바늘로 표피와 진피의 경계에 색소를 주입한다. 바늘이 피부층에 색소를 주입하는 깊이와 머물러 있는 시간에 따라 점의 크기를 조절하게 되는데, 이것이 SMP의 핵심 스킬이다.

부위에 따라 큰 점과 작은 점을 구분하여 시술해야 하고, 정수리와 피부 가까운 곳의 점 간격 또한 신경 써야 자연스러운 연출이 가능하다. 심한 탈모의 경우 상담 후 클리퍼로 머리를 밀고 전체 시술을 진행하는 방법을 권한다.

두피 반영구는 눈썹 반영구처럼 시간이 지나면 색상이 옅어지는 것이 아니라 더 짙게 발색된다. 시술 직후 바로 드라마틱한 발색이 보일 경우 시간이 지나 번짐과 퍼짐으로 위험할 수 있고, 모근처럼 흡사한 형태가 아닌 면이 되어 낭패를 볼 수 있다.

Tip!
표피층과 진피층 사이에 빠르고 정확한 스킬이 중요!

헤어라인 반영구와 SMP 시술은 경력이 많은 전문가와 상의 후 진행해야 한다. 경력 많은 시술자란 사연 많은 세월을 보낸 사람이다. 가능한 수십 년간 수많은 임상과 경험으로 노하우를 얻어낸 아티스트에게 맡기길 권한다. 미숙한 시술자로부터 잘못된 잔흔과 색소 번짐 등의 결과를 얻을 수 있기 때문이다.

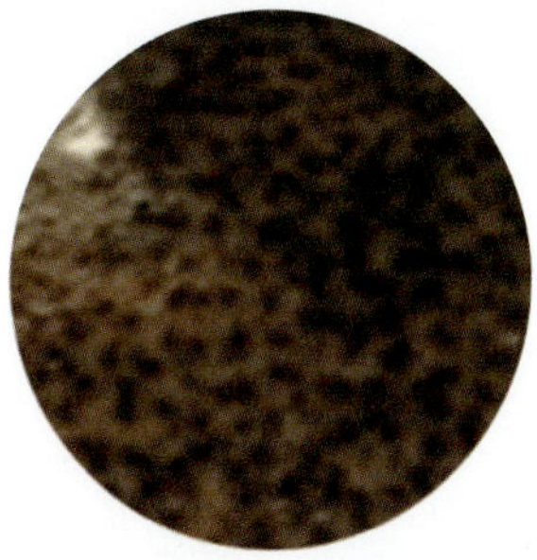
잘못된 사례

2) SMP 시술 전 주의사항

두피는 특히나 연약한 피부이기 때문에 시술을 받기 전부터 별도의 관리가 필요하다. SMP 시술을 받기에 최상의 컨디션을 조성해주기 위함이다.

- 모발이식 후 최소 한 달 뒤에 시술 가능
- 시술 24시간 전부터 금주하기
- 시술 24시간 전부터 심혈관 관련 약 섭취를 하지 않기
- 3일 동안 머리를 감을 수 없으므로 미리 샴푸 하기
  (린스, 트리트먼트, 왁스, 오일 등의 사용은 삼갈 것)
- 잠깐의 모자 착용은 가능하나, 습기나 땀이 차지 않게 하기
- 가려워도 두피 긁지 않기

또한 SMP 시술 전 질병에 대한 체크는 필수다. 임신 여부와 모유 수유 여부, 생리 기간, 음주 시 시술을 진행하지 않는 것이 좋다.

여기서 잠깐

<두피 컬러링/두피 반영구화장/SMP 시술 동의서>

1. 시술 직후 원하는 컬러보다 30~50% 정도 더 짙거나 일시적으로 비대칭 또는 모양이 틀어져 보일 수 있으며, 가피(딱지)가 벗겨지고 시간이 지남에 따라 자연스럽게 흐려집니다.
2. 시술 3주~6주 후 1회 이상의 리터치가 필요할 수 있습니다.
3. 국소 마취를 하더라도 통증이 있을 수 있습니다.
4. 시술 후 일시적인 부기와 가려움, 붉은 기 등이 나타날 수 있습니다.
5. 개인의 특이에 따라 드물게 염증, 두통, 발열, 수포, 부종 등이 발생할 수 있으며, 이럴 경우 의사의 처방을 통한 치료가 있을 수 있음을 숙지하였으며, 시술에 대한 환불이나 책임을 묻지 않습니다.
6. 본인은 의료인이 아닌 전문 시술자에 의해 두피 컬러링/두피 반영구화장/SMP 시술을 받는다는 것을 인지하고 있습니다.
7. 시술 후 24시간 동안은 머리를 감지 않도록 주의해야 합니다. 또한, 사우나, 수영장, 강한 자외선 노출을 피해야 합니다.
8. 시술 후 시술 부위를 만지거나 긁지 않도록 주의해야 합니다. 가피가 자연스럽게 떨어질 때까지 기다려야 합니다.
9. 알레르기 반응이 있을 경우 즉시 전문 의료인의 진료를 받도록 합니다.
10. 혈액 질환, 심장 질환, 당뇨병, 임신 중인 경우 시술 전에 반드시 시술자에게 알리도록 합니다.
11. 두피 시술 후 48시간 동안은 땀을 많이 흘리거나 격렬한 운동을 피해야 합니다.
12. 시술 후 색소가 피부에 완전히 자리 잡기까지 시간이 걸릴 수 있으며, 개인의 피부 상태에 따라 차이가 있을 수 있습니다.
13. 시술 부위에 염증이나 감염이 발생하지 않도록 청결을 유지해야 합니다.
14. 첫 내방 이후의 시술은 추가 리터치 시술비가 발생하며 모든 정당한 시술에 대한 환불을 요구할 수 없습니다.
15. 시술 후 일주일간은 강한 자외선에 노출되는 것을 피하도록 합니다. 모자를 착용하여 자외선을 차단하는 것이 좋습니다.
16. 시술 전 일주일간은 염색, 파마 등의 두피에 자극을 줄 수 있는 화학적 시술을 피해야 합니다.
17. 펌 및 염색은 안전을 위해 시술 후 한 달 뒤에 받으시기 바랍니다.
18. 두피에 보습을 유지하기 위해 시술 부위에 적절한 보습제를 사용하도록 합니다.
19. 시술 후 48시간 동안은 두피에 물이 닿지 않도록 주의해야 합니다.
20. 시술 부위가 과도하게 건조해지지 않도록 신경 쓰며, 가피가 떨어질 때까지 청결을 유지해야 합니다.
21. 발생할 수 있는 문제점에 대해 충분히 설명을 듣고 이해하였으며 위 내용에 대해 동의합니다.

날짜: ________________

고객 성명: ________________ (서명)

5 메디컬 반영구

메디컬 반영구화장이란 '파라메디컬 반영구화장', 'Paramedical Semi-permanent Makeup' 또는 'Paramedical Micropigmentation'이라고도 불리며 이는 의료적 목적을 가진 반영구적인 화장법을 의미한다. 현재 유럽과 미국처럼 반영구 화장이 널리 성행하고 있는 나라의 경우, 메디컬 반영구에 대한 인식이 높다. 과거 미용 목적만으로 진행되었던 반영구 시술이 메디컬 치료 목적의 시술로 영역을 넓혀가는 것이다. 이를 통해 반영구는 더 폭넓은 영역에서 콤플렉스를 가진 사람들에게 희망을 줄 수 있는 기술로 발전하고 있다. 메디컬 반영구 시술은 문신을 제거하고, 흉터를 커버하고, 백반증과 튼살, 유륜에 이르기까지 다양한 영역의 해결책으로 떠오르고 있다.

1 유두륜 메디컬 시술

젖꽃판이라고도 불리는 유륜(areola)은 유두 주변을 둘러싸고 있는 둥글고 흑갈색인 부분을 말한다. 일반 피부와는 다른 색을 띠는 조직으로, 그 색깔과 크기 등은 개인마다, 인종마다 차이가 난다.

1) 유륜

① 유방재건술과 유륜

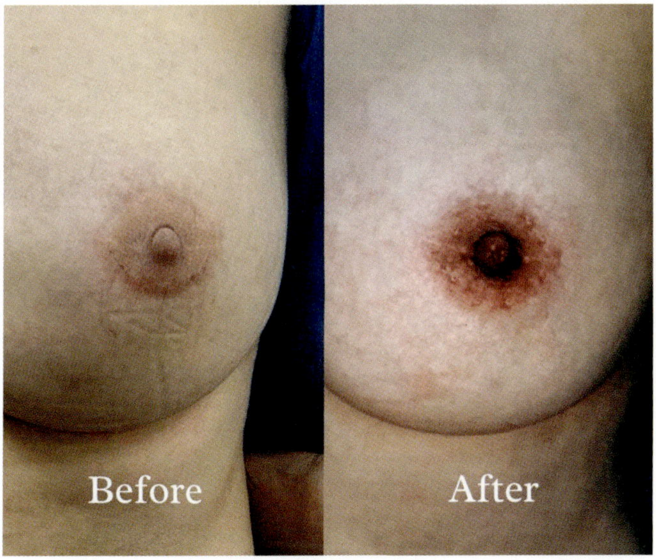

유방재건술과 유륜 반영구

유륜 반영구에 대해 알기 위해서는 먼저 '유방재건술'에 대한 이해가 필요하다. 선천적으로 유방이 없거나 빈약한 경우 또는 후천적으로 유방의 손실이 있을 때 유방 재건 수술이 필요하다. 여기서 후천적 소실이란 유방암으로 인해 유방을 절제하거나 화상, 외상 등의 사고로 인해 소실된 경우를 말한다.

성형외과에서 본래의 가슴 크기와 모양을 재건하는 수술을 진행할 때, 유두와 유륜의 복합체 재건도 필요하게 된다.

하지만 수술만으로 알맞은 색을 표현하기 어렵다는 단점이 있다. 이때 반영구 시술의 장점인 디자인 및 색상 교정을 접목한 것이 바로 '유두륜 메디컬 시술'이다.

유륜 반영구 시술은 유륜의 모양과 색상에 콤플렉스가 있는 사람을 대상으로 한다. 유륜의 색이 흐리고 창백한 경우 자연스럽고 건강한 모양으로 커버하고, 유방재건술로 하얗게 변한 유륜을 본래 피부톤에 맞춰 자연스럽게 커버하는 것이 가능하다. 이런 과정을 통해서 콤플렉스인 흉터에 대한 부담을 최소화할 수 있다.

Tip!

유륜 반영구 시술의 장점

- 모양 교정 가능

Tip!

유륜 반영구 시술의 대상자

- 유륜의 색이 흐려 창백한 경우

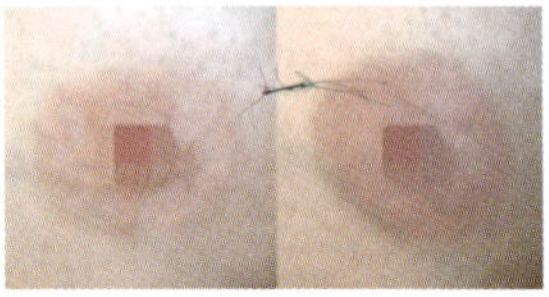

- 유방재건술 후 유륜이 사라진 경우

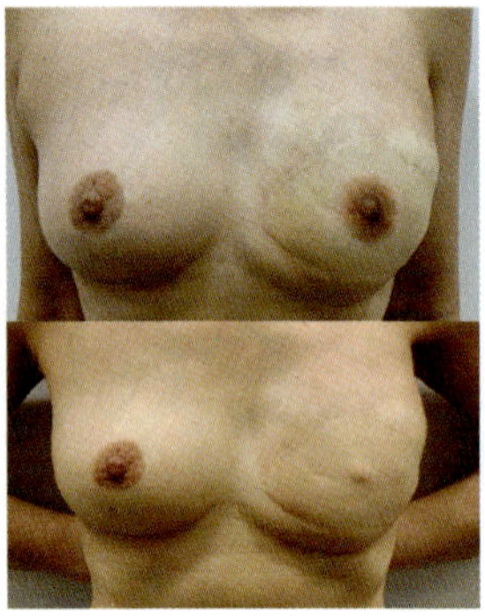

② 유두륜 메디컬 시술 시 주의사항

메디컬 반영구 시술 시 일반 반영구와는 달리 보다 까다로운 피부조직을 먼저 살펴야 한다. 이미 손상된 피부조직에 이루어지는 경우가 대부분이기 때문에, 색소 주입 시 특히 주의가 필요하다. 손상된 피부에 색소 주입을 깊거나 반복적으로 터치하게 될 경우 더 심한 조직 손상을 유발할 수 있으므로, 피부 표피층까지 한 번만 터치하는 안전한 기법을 사용해야 한다.

여기서 잠깐

건강한 피부와 손상된 피부의 색소 주입 깊이 차이

- 건강한 피부 → 피부의 기저층까지 주입한다
- 손상된 피부 → 피부의 표피층까지 주입한다

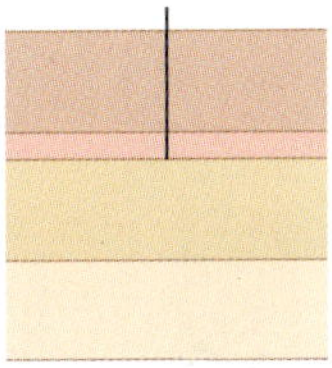

● 건강한 피부의 색소 주입 깊이

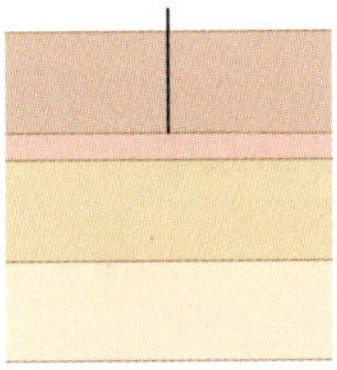

● 손상된 피부의 색소 주입 깊이

유두 및 유륜은 얼굴 피부보다 연약해 변색하기 쉽다. 사람들이 서로 다른 피부 밝기를 지닌 것처럼 유두와 유륜 역시 사람마다 태생적으로 타고난 색이 다르기에 세심한 시술이 필요하다.

기존의 반영구 스킬이 아닌 고도의 테크닉이 필요하며, 암 환자처럼 면역력이 약화된 사람에게 맞는 색소 시술까지 함께 고려되어야 한다.

2 STP(피부색 반영구)

STP(Skin Tone Pigmentation) 시술은 피부색을 커버하는 기법으로, 백반증과 튼살, 흉터 등에 대한 메디컬 반영구에 해당한다.

이는 외과적인 상처나 수술 후 생긴 흉터 및 색소 질환 등으로 불편을 겪는 사람들에게 반영구 화장의 색소와 기술을 이용해, 흉터 및 색소 질환 피부를 눈에 띄지 않게 만들어주는 시술이다.

Tip!

STP(피부색 반영구) 시술의 대상자

- 임신, 출산, 체중 변화 등으로 튼살이 생긴 경우
- 유전적, 일광 화상 등으로 백반증이 나타난 경우
- 수술 자국 및 화상 흉터가 있는 경우

1) 백반증

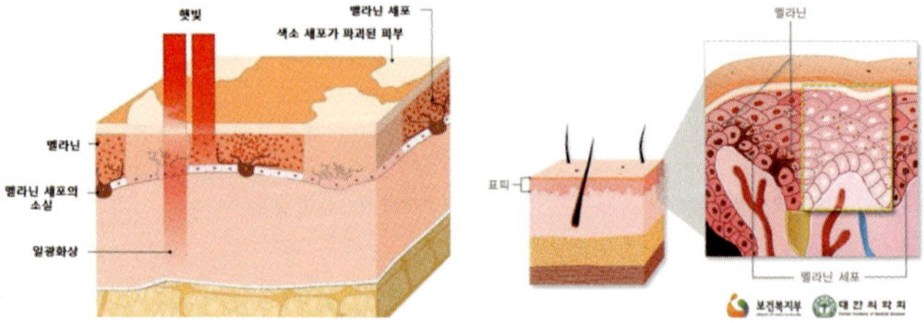

백반증 발생기전 모형

다양한 크기와 형태의 백색 반점들이 피부에 불규칙적으로 나타나는 질환. 이는 색소세포의 파괴로 인해 발생하는 후천적 탈색소성 질환인 '백반증'이다. 전 세계 인구의 1~2%에서 나타나며, 대개 10~30대 사이에서 가장 흔하게 나타나는 것으로 알려져 있다. 피부 표피의 정상 '멜라닌세포'가 죽거나, 멜라닌을 생성하지 못해 피부와 주변의 모가 하얗게 변하는 모습을 보인다. 피부 외에 입술, 외음부 등의 점막에서도 발견된다. 이는 미용상의 문제로, 내과 질환과의 관련성은 따로 없다.

① 백반증의 원인

백반증의 정확한 원인은 아직 밝혀진 바가 없다. 다만 의료계에 따르면 전체 환자의 약 30%에서 가족력이 발견되기 때문에 유전적 요인이 관여할 것으로 추측된다. 이 밖에 스트레스, 외상, 화상 등이 백반증 발생에 보조적으로 작용하는 원인으로 알려져 있다.

여기서 잠깐

백반증 발병 원인에 관한 학설

- 면역세포설: 신체의 면역기능이 색소세포를 파괴한다.
- 신경체액설: 비정상적인 신경세포가 분비하는 화학물질로 색소세포가 손상된다.
- 자가파괴설: 멜라닌세포가 스스로 파괴한다.

② 백반증의 치료와 반영구

백반증에는 아직 영구적으로 낫게 하는 치료법이 존재하지 않는다. 기존의 약물치료는 효과가 검증되지 않았고, 레이저 치료는 오랜 시간 시술을 받아야 효과를 볼 수 있으며 병변 주위에 영향을 미칠 수 있다는 한계가 있다.

이 때문에 백반증 환자 중 상당수가 피부 상태로 인해 '우울감'을 겪고, '사회생활에 지장'을 받는다고 집계되기도 했다.

이와 관련해 '반영구 화장'이 백반증 치료의 대안으로 자리 잡고 있다. 반영구 화장의 경우 색소를 바로 주입하기 때문에 2~3회 시술로 빠르게 백반증을 커버할 수 있다. 또 약물치료나 레이저 치료, 피부 이식 등 다른 치료를 받다가 실패한 경우에도 시술 가능하다는 장점이 있다.

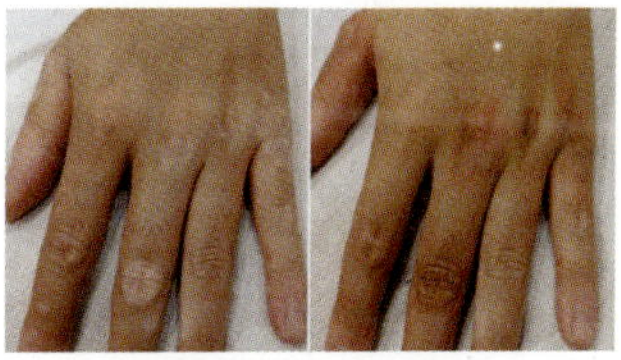
백반증 반영구 시술

백반증이 몸 전체 또는 신체 일부분에 나타나면 자신의 피부톤에 맞는 컬러의 색소를 주입해 피부의 결점을 효과적으로 커버할 수 있다.

반영구 화장을 이용한 백반증의 치료는 약물치료 및 레이저치료와 달리 부작용이 크지 않으며, 무엇보다 생활에 지장을 주지 않고, 시술 직후에 결과를 바로 확인할 수 있다.

2) 튼살

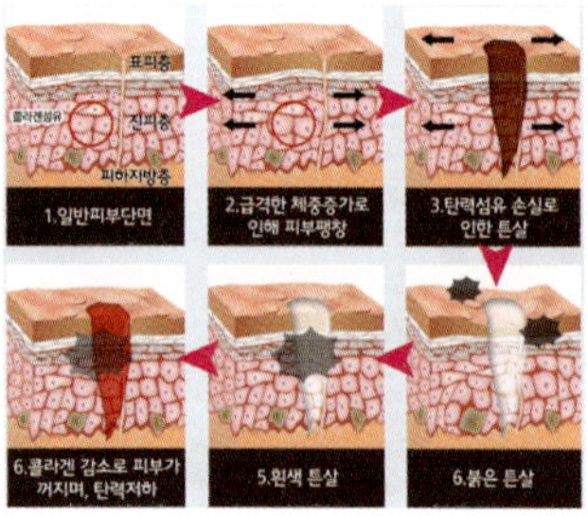

튼살의 진행과정

'팽창선조'라고도 하는 튼살은 허벅지나 복부 피부 등이 띠 모양으로 얇게 갈라지는 증상이다. 초기에는 잡아당기는 힘에 의한 손상 부위의 피부에 붉은색 선이나 띠를 두른 것처럼 나타나는데, 자세히 살펴보면 정상 피부보다 약간 가라앉아 있어서 만져 보면 약간 울퉁불퉁하게 느껴진다. 시간이 지나면서 점차 흰색으로 변하면서 덜 뚜렷해지고, 주름지고 위축된 피부로 바뀌게 된다. 튼살은 일종의 흉터 조직으로, 튼살 안에 혈관 형성이 불가능하다. 즉, 정상적인 진피조직의 세포 활동은 일어나지 않는다.

튼살은 주로 엉덩이, 허벅지, 샅고랑, 팔 등의 부위에 잘 생기며, 임신으로 인한 경우 복부와 유방에 흔히 생긴다.

① 튼살의 원인

튼살의 메커니즘은 정확히 알려지지 않았지만, 피부가 과도하게 늘어나 콜라겐 섬유들 사이의 결합이 일부 파괴되어 발생하는 것으로 보고 있다. 임신이나 급격한 체중 증가와 같이 피부가 빠르게 늘어나는 경우에 생길 수 있다.

임신 여성의 90%에서 튼살을 볼 수 있는데, 이는 복부 피부가 늘어나면서 여성 호르몬도 같이 증가하기 때문으로 여겨진다. 무거운 짐을 자주 들거나 근육 운동을 즐겨 하는 젊은 남성의 경우 양쪽 어깨에 튼살이 발생하기도 한다.

② 튼살의 치료와 반영구

튼살은 의학적 문제는 없지만, 미용적 차원의 치료가 필요하다. 그러나 완벽한 튼살 치료법은 아직까지 알려진 바 없다. 현재의 치료들은 대부분 완전히 흉터 조직으로 변한 튼살에는 효과가 미흡하여 증상 초기에 치료를 시작하는 것이 중요하다.

"새살이 돋는 튼살 치료"라는 말은 과대광고에 불과하다. 튼살은 누구나 흔하게 갖고 있지만, 마땅히 치료할 방법이 없어 고민하는 사람들이 많다. 미관상 보기에 좋지 않고, 증상이 심한 경우엔 스트레스로 이어질 수 있다. 이때 백반증과 마찬가지로 '반영구 화장'이 도움이 될 수 있다.

Tip!

튼살이 생기는 경우

- 급격하게 체중이 증가해 생긴 세로 튼살
- 성장기에 갑자기 키가 커서 생긴 가로 튼살
- 임신으로 인해 배에 생긴 둥근 튼살

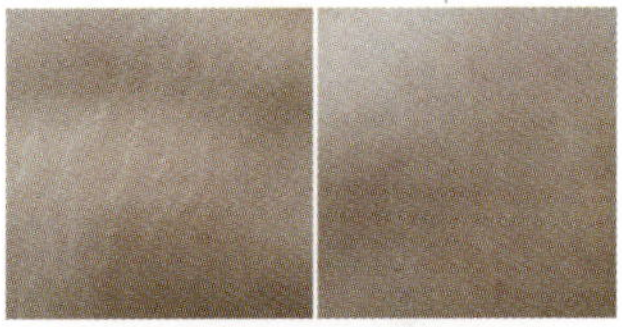

튼살 반영구 시술

표피에만 가볍게 진행하기 때문에 출혈이 발생하는 일이 거의 없고, 피부톤에 맞춰 색소 배합을 잘하면 자연스럽게 스킨 커버가 가능하다. 단, 이제 막 생겨나기 시작한 붉은 튼살이 아니라 시간이 경과된 후 백색 튼살에 시술해야 커버가 잘 이루어진다. 튼살 커버 반영구 시술 후에도 꾸준한 관리가 필요하다.

- 절대 금주, 발효음식 자제
- 1주간 땀 흘리는 운동 자제
- 2주간 찜질방, 수영장, 목욕탕 자제
- 연고 및 크림 수시로 바르기
- 1주간 시술 부위 바디워시 사용 자제, 물 샤워 권장
- 간지럽다고 시술 부위를 긁거나 각질 뜯지 않기
- 장시간 햇빛 노출 자제
- 시술 부위의 때밀이 자제

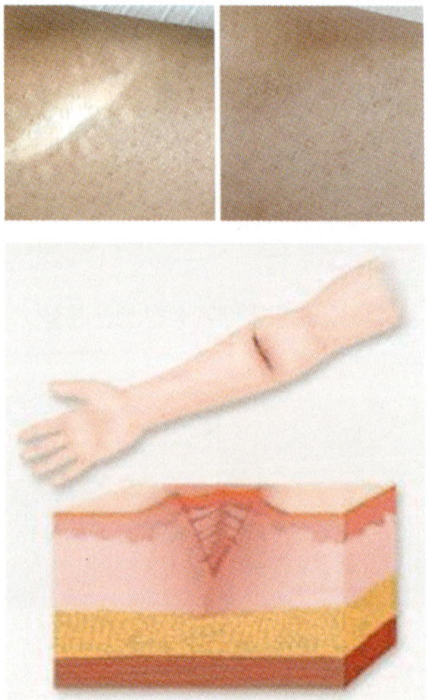

흉터

3) 흉터

'흉터'란 질병이나 상처로 인해 손상되었던 피부조직이 치유된 흔적을 말한다. 진피로부터 피하조직까지의 결손이 채워진 부분으로, 만져 보면 조금 불룩 튀어나와 있거나 움푹 들어가 있는 경우가 많다.

① 흉터의 원인

외상이 치유된 후 그 자리의 피부 위에는 이전 조직과는 다른 변성 부분이 남게 된다. 즉, 창상이나 피부병이 치유된 후에 결손부를 메운 육아조직[41]의 표면을 표피가 덮어서 생긴 면이라고 볼 수 있다.

결합조직이 대부분으로 세포나 모세혈관은 적다. 진피와 표피와의 경계는 한번 파괴되면 정상상태로 재생되지 못하며, '멜라노사이트[42]'가 정상화되지 않으면 색소 침착이나 색소탈실이 일어나게 된다.

② 흉터의 치료와 반영구

흉터 치료에는 여러 가지 방법이 있지만, 흉터가 눈에 덜 띄도록 호전되게 도와줄 뿐 흉터 자체를 완전히 없애는 것은 아니다. 이때 반영구는 '비수술적 흉터 재건'의 수단으로써 수술 없이 흉터 커버가 가능하게 만든다. 수술이나 사고로 인해 생긴 흉터를 별도의 수술 없이 반영구 시술만으로 복원할 수 있다. 피부의 상태, 유형, 색상 등 개개인의 특성에 따른 맞춤 시술이 가능하기에 백반증, 튼살과 함께 치료 목적의 메디컬 반영구 시술로 선호도가 높다.

상처와 흉터는 다르다. 상처가 아문 후 흉터가 남으면 그 때부턴 상처 치료가 아닌 흉터 치료나 커버 시술이 필요하다. 반영구는 흉터를 한 번에 빠르게 커버해 흉터로 인한 마음의 상처까지 보듬어 줄 수 있다.

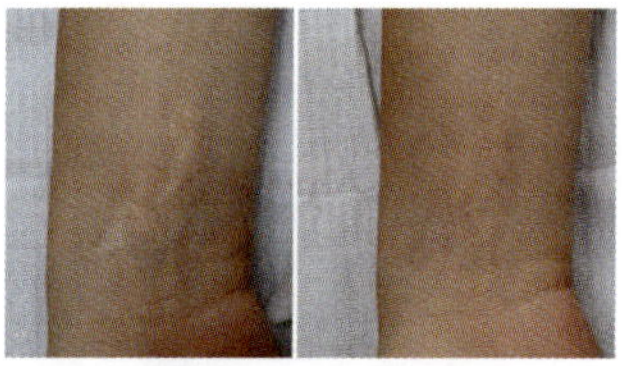

흉터 반영구 시술

6 위생 관리와 고객 관리

1 위생 관리

> **Tip!**
> **멸균과 소독의 차이**
> - 멸균(sterilization): 유해성의 유무와 관계없이 세포, 포자, 바이러스 등 모든 미생물을 완전히 파괴, 제거하는 과정
>   → '멸균'(滅 멸할 멸, 菌 세균 균), 동의어 '살균'(殺 죽일 살, 菌 세균 균)
> - 소독(disinfection): 병의 감염이나 전염을 일으킬 수 있는 병원성 미생물만을 주로 제거, 억제하여 감염력을 낮추는 과정

반영구 화장이란 '멸균된 일회용 도구를 사용하여 천연색소를 피부의 표면인 표피층에 주입하는 기법 및 기술'이라고 표현할 수 있다. 여기서 중요한 것은 바로 '멸균'이다.

1) 위생 관리의 중요성

반영구 메이크업 화장의 결과도 중요하지만, 무엇보다 고객의 안전과 위생이 선행되어야 한다. 피부에 직접 닿는 도구를 사용하면서 위생 관리가 부실할 경우, 얼룩 및 변색, 2차 감염 등이 발생할 수 있으므로 각별한 주의가 필요하다.

많은 이들이 반영구 화장을 가벼운 시술 정도라 생각하는 경우가 많지만, 사실 눈썹, 아이라인 등 피부에 직접적으로 상처를 내는 침습적 행위로서, 위생 및 감염관리를 철저히 하지 않거나 사후 관리를 제대로 하지 않을 경우 부작용의 우려가 있다.

피부의 특성을 고려하지 않은 상태에서 비위생적인 환경 및 도구로 반영구 화장을 진행하는 경우, 시술 부위에 켈로이드가 발생할 수 있고, 염증 및 전염성 질환 감염, 알레르기, 색소 침착 등이 일어날 수 있다. 심각한 경우 B형간염, 매독 등 각종 유해 세균 및 바이러스에 감염될 위험이 존재한다.

따라서 시술자는 장비와 시술 공간을 항상 청결하게 관리해야 하며, 또한 손과 도구, 고객의 시술 부위까지 소독해야 한다.

2) 반영구 화장의 위생 관리법

① 위생적인 작업실 유지

작업실은 언제나 철저하게 청결을 유지해야 하며, 시술 이외의 오염을 초래할 수 있는 행위(식사, 흡연 등)는 일절 하지 않는다.

② 시술자의 위생 습관

반영구 시술 시 가장 많은 감염 루트는 시술자의 손과 상용 기구를 통해 이루어진다. 따라서 시술자는 의사가 수술에 들어가기 전 손을 씻는 것처럼 시술 전후로 반드시 '외과적 손 씻기[43)]'를 한다. 만일 시술 도중 장갑이 찢어지거나 벗어야 하는 상황이 있다면 추가로 손을 세척한다.

손을 씻을 때는 비누를 사용하여 손뿐만 아니라 팔뚝까지 1분 이상 골고루 비벼가며 세척하고, 특히 손톱 밑이나 손가락 사이는 세척용 솔을 이용하는 것이 좋다. 이후 흐르는 물에 거품을 헹구고 손가락이 팔꿈치보다 위로 향하게 한 뒤 소독된 타월이나 티슈로 물기를 제거한다. 일회용 라텍스 장갑을 끼기 전까지 다른 접촉을 피한다.

Tip!

올바른 손 씻기 방법

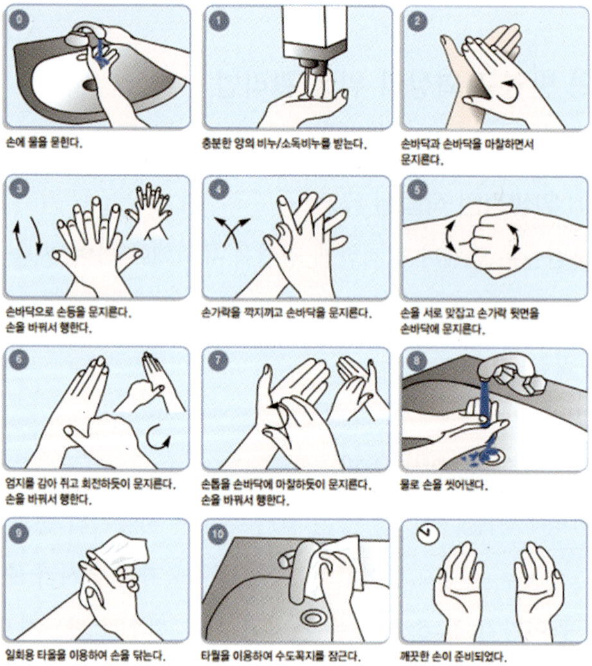

③ 사용 장비와 기기 소독

반영구에서 색소는 피부 외부에 묻히는 것이 아닌 피부 내에 삽입되는 것이다. 그러므로 반드시 일회용 멸균 니들을 사용하는 것을 권장한다. 니들 개별 포장지 뒷면에 'e.o'라고 표시되어 있는 제품을 사용하고, 고객이 안심할 수 있도록 앞에서 개봉하는 것이 좋다. 사용 시 개별 포장을 뜯을 때도 주의가 필요하다. 장갑을 착용하고 있다 하더라도 핀 부분에는 닿지 않도록 꺼내야 하며, 공기 중 박테리아에 노출이 최소한으로 될 수 있도록 한다.

피부에 닿는 모든 제품은 일회용품을 사용해 교차 감염을 예방해야 하며, 쓰고 난 뒤 바로 폐기처분한다. 사용하는 집기(예: 엠보 펜대, 눈썹 칼, 가위 등)는 일괄적으로 알코올 세척과 자외선 살균 및 초음파 세척기에 넣어 살균한다.

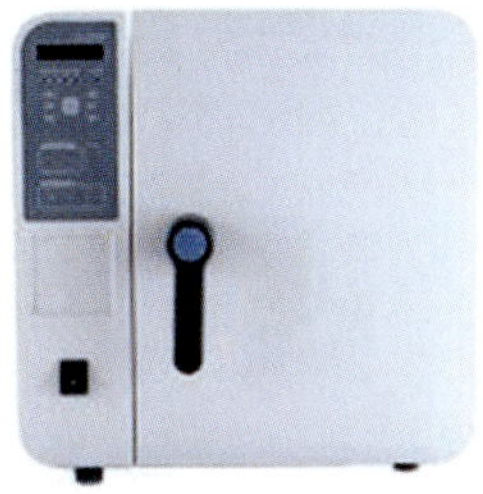

자외선 살균기/초음파 세척기

Tip!

시술용 솜 쉽게 만드는 법

약국에서 파는 정제수를 솜에 묻혀 물기를 짠 후, 냉장 보관해 시술 시 적당량을 꺼내 사용한다.

사용할 색소와 연고 등은 시술 동안 사용할 충분한 양을 소독된 일회용 용기에 담아 사용하며, 재활용하지 않는다.

2 반영구 화장의 고객 선정

반영구 화장을 시술하기 전 고객에 대한 필수 정보들을 확인해야 한다. 반영구 화장은 모든 사람에게 시술할 수 없다. 따라서 시술을 진행해도 괜찮을지 파악하는 단계라고 볼 수 있다.

'건강 상담일지'나 '시술 동의서' 등 필요한 서류를 작성하는 과정은 시술자에게 기본적이고 중요한 지침이 된다. 이를 바탕으로 '고객 관리 카드'를 따로 작성해 두는 방법을 추천한다. 여기에 고객의 정보가 기록되므로 시술 시 발생할 수 있는 잠재적 문제를 식별하는 데 도움이 된다.

여기서 잠깐

반영구 화장의 고객 선정 방법

- 1단계 - 병세 및 시술 동의 확인
- 2단계 - 필요할 경우 피부 성질 테스트 시행

1) 고객의 병세 확인

복용 중인 약물이나 지난 한 달간의 수술 경험 및 향후 수술 예정에 대해 반드시 확인이 필요하다. 또 지나친 음주와 흡연은 시술의 부기를 초래할 수 있으므로, 사전에 안내하여 부기를 최소화할 필요가 있다. 아이라인 반영구의 경우 렌즈 착용 여부와 속눈썹 연장 여부까지 확인이 필요하며, 사전에 미리 제거할 수 있도록 한다. 입술 반영구의 경우 고객에게 수포가 잘 발생하는지 확인하고, 미리 약을 복용할 수 있도록 안내한다.

이처럼 고객에 대한 사전 조사는 필수다. 시술 후 다른 문제가 발생하면 반영구 화장 시술자의 책임으로 전가될 수 있기 때문이다. 따라서 부작용이 발생할 수 있는 고객의 병세에 대한 사전 조사는 "고객의 안전을 위한 것"임을 반드시 인지시키고, 시술에 대한 동의를 얻는 것이 바람직하다.

① 반영구 화장 시술이 불가능한 경우

피부암, 백혈병, 혈우병[44], 뇌전증(간질)[45], 바이러스 감염자, 혈액 질환자, 기타 피부 질환자(예: 건선, 습진 등), 정신과적 질환자(예: 불안장애, 건강염려증, 인격장애, 우울증 등), 임산부와 수유부에게는 반영구 화장을 권하지 않는다. 이밖에도 색소와 침, 자극에 대한 강한 알레르기 증상을 가진 경우도 마찬가지로 시술이 어렵다. 아이라인 반영구의 경우 쌍꺼풀이나 라식, 라섹 등의 수술을 받았거나 받을 예정이 있는 경우 권하지 않는다.

• 정신과 질환

불안장애(anxiety disorder): 병적인 불안으로 인해 과도한 심리적 고통을 느끼거나 현실적 적응에 심각한 어려움을 겪는 정신질환을 말한다. 공포증, 공황 장애, 범불안 장애, 강박 장애, 외상 후 스트레스 장애, 급성 스트레스 장애가 여기 해당한다. 일반적으로 이 환자들은 과도한 불안을 느끼기 때문에 안절부절 못하거나 짜증을 잘 내며 예민할 수 있다. 또 닥치지 않을 위험을 걱정하고 최악의 사태를 상상하는 경향이 있어 반영구 화장을 받기에 적합하지 않다.

건강염려증(hypochondria): 지나치게 신체적 건강을 염려하는 것을 말한다. 복통, 두통, 피로감 등의 사소한 신체적 증상이나 감각을 과하게 해석하고, 자신이 심각한 질병에 걸려있다고 확신하거나 두려움에 몰두해 있는 상태가 여기에 해당한다. 반영구 시술 후 나타나는 일반적인 증상들에 대해서도 심각하게 받아들일 여지가 있다.

인격장애(personality disorders): 대인관계에 적응하지 못하고 사회적, 직업적 기능에서 심각한 장애를 가져오거나 본인 스스로 괴로움을 느끼는 증세를 말한다. 어린 시절부터 서서히 발전하기 시작해 청소년기와 청년기에 공고화되는 개인의 병리적인 정서, 사고 및 행동 양식으로, 편집성 성격 장애, 반사회성 성격 장애 등이 해당한다. 이 경우 상담을 위한 원활한 의사소통이 어려울 수 있다.

심한 우울증(depressive disorder): 우울증은 의욕 저하와 우울감을 주요 증상으로 하며, 일상 기능의 저하를 가져오는 기분 장애의 한 유형이다. 흔한 정신질환으로 마음의 감기라고도 불리지만, 심할 경우 자살이라는 심각한 결과에 이를 수 있는 뇌 질환이다. 따라서 시술 후 결과가 심리상태에 어떤 영향을 줄지 예측하기 어려운 심한 우울증 환자에게는 시술을 권하지 않는다.

· 임산부와 수유부

임산부의 경우 되도록 해산 후에 시술받도록 권유하며, 입술 반영구는 절대 금한다. 눈썹이나 아이라인 시술은 주치

의의 허락하에 시술해야 한다.

수유부는 마취 연고를 사용할 수 없고, 시술을 권하지 않는다. 대한모유수유의사회(https://fmed.co.kr)의 공식 발표 자료에 의하면 모유 수유중에도 반영구화장은 가능하다.

② 반영구 시술 시 주의해야 하는 경우

'관절염, 류머티즘[46], 고혈압, 당뇨병, 화학물질 알레르기, 심장질환'을 앓고 있거나 '생리' 중일 경우 주의해야 한다. 또, '켈로이드 체질'이나 '육아종 병력'이 있는 경우, '약물 치료, 성형외과 시술, 문신 레이저 제거'를 받은 경우 또는 '갑상샘(갑상선)' 부분의 시술에는 면밀한 주의가 필요하다.

• 고혈압(hypertension)

특별한 원인 질환 없이 수축기 혈압이 140mmHg 이상이거나 확장기 혈압이 90mmHg 이상인 경우를 말한다. 우리나라 성인의 10~15%가 가지고 있으며 나이가 들수록 발생 빈도가 높다. 이 경우 반영구 시술 시 출혈이 잘 생겨 니들의 주입 깊이 조절에 주의를 기울여야 한다.

• 생리(월경)

가임 여성에게서 나타나는 생리학적 변화로, 두꺼워진 자궁점막이 떨어져 나가면서 출혈과 함께 배출되는 현상으로서, 약 26~32일의 주기를 가지고 3~5일간 지속된다. 이 기간에는 마취가 잘 이루어지지 않고, 출혈은 증가할 수 있다.

• **켈로이드 체질(keloid)**

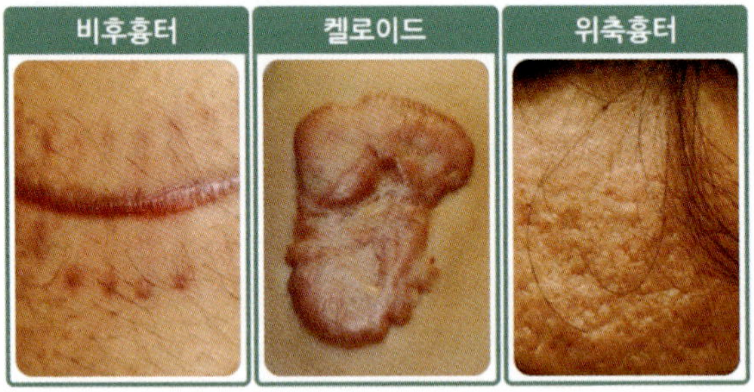

켈로이드 흉터

체질적인 문제로서 피부에 상처가 생긴 후 상처 복원 시 원래 상태로 되돌아가는 것이 아니라 비정상적인 콜라겐 과잉 증식이 일어나는 것이다. 해당 부위가 부풀어 오르게 되고 튀어나온 흉터를 만든다. 켈로이드 체질은 유전적인 성향을 가지며, 신체 부위 중 일부에서 나타날 수 있다.

반영구 화장의 시술 깊이가 얕아 발생률은 적으며, 환자에 따라 시술이 가능하지만 반드시 귀 뒤에 피부 성질 테스트(spot test)를 시행하도록 한다.

• **육아종(granuloma)**

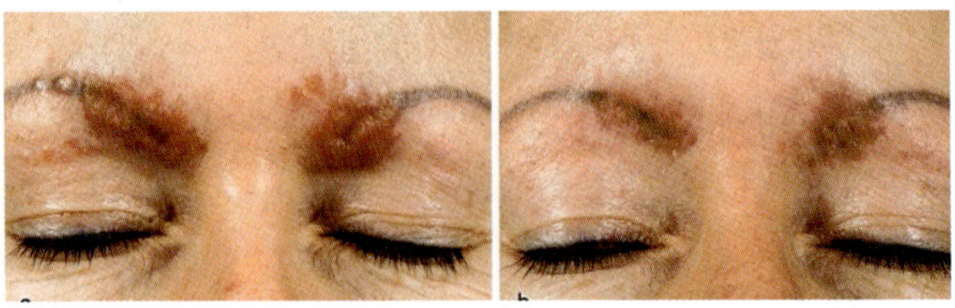

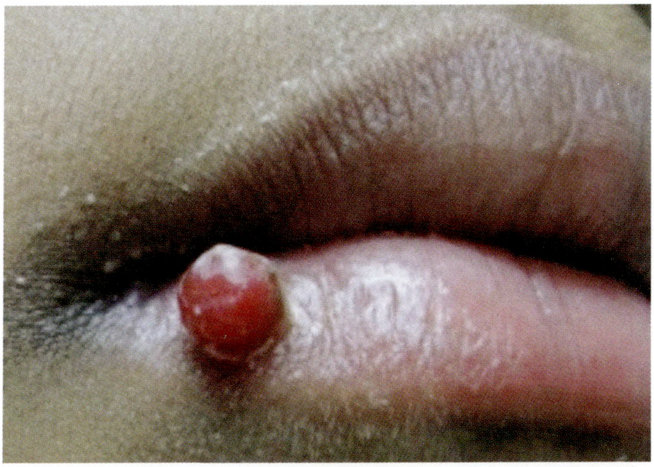

육아종 병변

만성염증 반응에 해당한다. 피부 조직에 이물질이 있으면 발생하는 염증성 종양으로, 반영구 화장에서 색소 입자(활석, Talc)에 대한 이물질 반응으로 나타날 수 있다. 켈로이드 체질과 마찬가지로 피부 성질 테스트를 시행한다.

• 약물치료 및 복용

반영구 시술 이전에 받았거나 받고 있는 약물치료는 반영구 시술에 영향을 줄 수 있다. 따라서 시술 이전에 약물 복용과 관련한 질문은 필수 사항이다.

- (로)아큐탄 복용 : 6개월 이내
  (다른 치료법으로 잘 치료되지 않는 중증의 여드름 치료제이며, 이런 환자가 시술을 받을 경우 피부의 색소 변화 및 속눈썹이나 머리털의 탈모 현상이 보고된 바 있다)
- 알코올(술) 섭취 : 24시간 이내
- 아하 트리트먼트(AHA Treatment) : 2주 이내
- 스테로이드 연고(피부 연고) : 24시간 이내
- 아스피린 복용 : 2주 이내

• 성형외과 시술

성형수술을 받았을 경우 해당 부위가 완치된 이후에 반영구 시술을 진행해야 한다. 일반적으로 다음과 같은 기간에는 반영구 시술을 권하지 않는다.

- 눈썹 거상술 : 2개월 이내
- 얼굴 주름 제거 성형술(Face lift) : 3개월 이내
- 고어텍스 임플란트 : 6개월~1년 이내
- 보톡스 : 6~7주 이내
- 입술 필러 주입 시술 : 6~7주 이내
- 문신 레이저 제거 : 1~2개월 이내

• 갑상샘(thyroid gland)

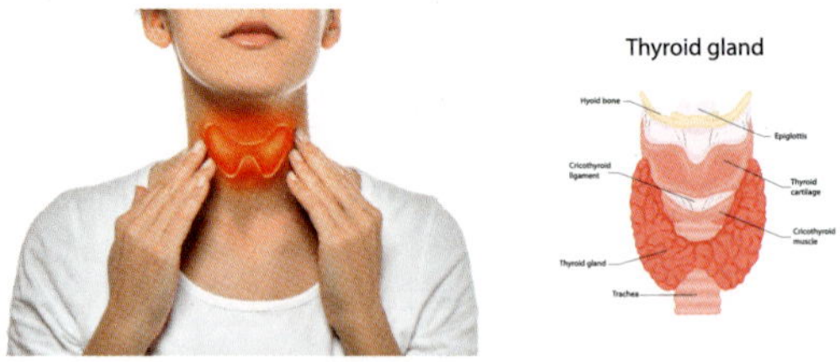

갑상샘 위치 및 구조

갑상선은 인체에서 가장 큰 내분비 기관으로 목소리를 관장하고, 혈중 칼슘치를 적절한 수준으로 유지해주는 역할을 한다. 목의 한가운데에서 앞으로 튀어나온 물렁뼈 아래쪽의 기도 주위를 감싸고 있는 내분비샘으로, 갑상선 호르몬을 분비한다. 갑상선 호르몬은 신체 내의 거의 모든 조직에서 작용하며, 각종 영양소를 태워 에너지를 생산하고, 뇌의 발달에도 결정적인 역할을 한다. 갑상샘 주변의 경우 피부가 얇아 시술 시 매우 주의가 필요한 신체 부위다.

2) 피부 성질 테스트(Skin-Patch Test)

반영구 시술의 경우 피부 타입에 따라서 그 결과가 천지 차이로 나타날 수 있다. 따라서 시술 전 고객의 피부 상태에 대한 이해가 필요하며, 피부 성질 테스트를 통해 이를 파악할 수 있다. 테스트는 총 3가지 반응(알레르기, 자극, 컬러)에 대해 진행한다.

① 알레르기 테스트

'랜스(Lance)'[47]를 이용한 피부 테스트로, 색소와 마취제를 고객의 귀에 바르고 반응을 본다. 이 테스트는 시술 24시간 전에 행한다.

② 자극 패치 테스트

일회용 위생장갑을 착용하고, 살균 티슈 또는 헝겊으로 테스트할 부위를 닦아 준다. 시술 시 사용할 색소를 '마이크로 브러쉬(Micro Brush)'로 고객의 귀 뒤쪽에 발라준다. 그다음 '랜스'로 해당 부위를 긁어주고, 마취제를 반복 사용한다. 해당 과정을 살피면서 고객 기록 카드를 작성한다.

테스트가 음성이라면 24시간 후 시술을 진행하고, 만일 테스트 결과가 양성반응을 보이면 시술을 진행하지 않는다. 일반적으로 페인트나 크레용 및 착색제에 알레르기반응을 보이는 사람은 반영구 색소에 대체로 반응을 보인다.

③ 컬러 반응 테스트

일회용 장갑을 착용하고, 시술할 때와 마찬가지로 시술 준비를 한다. 기계를 사용하여 시술할 부위의 5mm를 넘지 않는 크기로 적은 양의 색소를 주입해 본다. 원하는 색상 선택을 위해 4주 후 피부에 나타나는 색상을 관찰한다.

만일 고객이 색상에 만족하지 않는다면 다른 색소를 사용하여 동일 방법으로 테스트를 진행한다.

3 고객에 대한 커뮤니케이션

반영구에서 고객과의 상호작용과 의사소통은 매우 중요하다. 시술에 앞서서 어떤 시술인지 안내하고, 고객의 피부 타입과 컨디션이 시술하기에 적합한지 확인하는 필수 과정이기 때문이다.

1) 고객 상담

고객과의 실질적인 상담은 첫인상부터 시작된다. 따라서 사무실의 청결과 깔끔하게 정돈한 시술자의 외모, 전문성 등을 어필할 수 있도록 첫인상 관리에 신경 써야 한다. 다음은 원활할 고객 상담을 위해 유념해야 할 사항들이다.

- 상담실은 언제나 청결하고 잘 정돈되어 있어야 한다.
- 고객이 어떤 경로로 방문하였는지 물어본다.
- 반영구 화장을 지나치게 맹신하지 않도록 일반적인 시술 효과를 설명한다.
- 반영구 화장의 전문적인 용어를 적절히 사용하여 설명한다.
- 시술 전후의 주의사항에 대해 상세히 안내한다.
- 시술할 부위를 미리 촬영해둔다.
- 고객이 어떤 부위의 시술을 어떻게 하길 원하는지 파악하고, 고객의 단점을 짚어내고 이를 보완하는 방향을 권한다.

이때 '반영구 시술 동의서'를 작성해야 하는 이유는 '사전 안내'의 중요성 때문이다. 반영구 시술 시 발생하는 '통증의 정도'와 '마취 시 부작용', '시술 후 주의사항' 등 사전에 일어날 수 있는 모든 상황을 고지해야 한다. 이로써 시술자와 고객 사이에 부담스러운 일들이 발생하지 않고, 추후 관리에 대한 명확한 이유를 전달함으로써 고객들도 경각심을 가지고 더 잘 관리할 수 있게 된다.

> **Tip!**
>
> **시술 동의서 작성 시 체크 POINT!**
>
> - 전반적인 내용과 문제점에 대해 충분한 설명하기
> - SNS, 강의, 논문, 책자 등과 함께 안내하기
> - 문답에 착오가 있거나, 고객의 부주의로 발생하는 결과가 없도록 설명하기

① 반영구 화장 시술 동의서

반영구 화장의 경우 시술 후 리터치가 필요함과 탈각 후 색 빠짐 현상, 또 이후 쉽게 제거가 어렵다는 점(반영구성)에 대해 시술 전 필수적인 언급이 필요하다. 이밖에도 반영구 화장 후 발생할 수 있는 반응들에 대해 고객의 사전 동의를 받아야 한다.

<반영구화장 시술 동의서>

1. 시술 직후 원하는 컬러보다 30~50% 정도 더 짙거나 일시적으로 비대칭 또는 모양이 틀어져 보일 수 있으며, 가피(딱지)가 벗겨지고 시간이 지남에 따라 자연스럽게 흐려집니다.

2. 시술 3주~6주 후 1회 이상의 리터치가 필요할 수 있습니다.

3. 국소 마취를 하더라도 통증이 있을 수 있습니다.

4. 시술 후 일시적인 부기와 가려움, 붉은 기 등이 나타날 수 있습니다.

5. 개인의 특이에 따라 드물게 염증, 두통, 발열, 수포, 부종 등이 발생할 수 있으며, 이럴 경우 의사의 처방을 통한 치료가 있을 수 있음을 숙지하였으며, 시술에 대한 환불이나 책임을 묻지 않습니다.

6. 아이라인 시술의 경우 각막염, 안구건조증이 생길 수 있습니다.

7. 본인은 의료인이 아닌 전문 시술자에 의해 반영구화장 시술을 받는다는 것을 인지하고 있습니다.

8. 시술 후 일주일 동안은 시술 부위에 물이 닿지 않도록 주의해야 합니다. 또한, 사우나, 수영장, 강한 자외선 노출을 피해야 합니다.

9. 시술 후 시술 부위를 만지거나 긁지 않도록 주의해야 합니다. 가피가 자연스럽게 떨어질 때까지 기다려야 합니다.

10. 알레르기 반응이 있을 경우 즉시 전문 의료인의 진료를 받도록 합니다.

11. 혈액 질환, 심장 질환, 당뇨병, 임신 중인 경우 시술 전에 반드시 시술자에게 알리도록 합니다.

12. 이상의 내용을 충분히 숙지하였으며, 시술에 동의합니다.

13. 첫 내방 이후의 시술은 추가 리터치 시술비가 발생하며 모든 정당한 시술에 대한 환불을 요구할 수 없습니다.

14. 발생할 수 있는 문제점에 대해 충분히 설명을 듣고 이해하였으며 위 내용에 대해 동의합니다.

날짜: ____________

고객 성명: ____________ (서명)

아트 메이크업 전 체크 리스트

아래와 같은 질병이 있으신 분은 반영구 시술을 받을 수 없음을
사전에 정확하게 체크할 수 있도록 안내해 주어야 합니다.

- ☐ 피부암
- ☐ 백혈병
- ☐ 혈우병
- ☐ 임산부
- ☐ 수유
- ☐ 간질병
- ☐ 바이러스 감염
- ☐ 켈로이드
- ☐ 헤르페스
- ☐ 관절염
- ☐ 고혈압
- ☐ 심장질환
- ☐ 당뇨병
- ☐ 심혈관질환
- ☐ 생리 중
- ☐ 성형 수술
- ☐ 케미컬알러지
- ☐ 라식 수술 후
- ☐ 금속 알레르기
- ☐ 피부 이식
- ☐ 차후성형계획
- ☐ 콘텐트 렌즈 착용
- ☐ 장기간 약물 복용
- ☐ 문신을 제거한 경우
- ☐ 보톡스, 콜라겐 등 이물질 주입
- ☐ 스테로이드 제제, 쿠마딘, 외파린, 아스피린 장기 복용자

시술 후 관리 사항 안내 및 위의 질병 외에도
복용하는 약, 기타 질병은 작성할 수 있는 란을 만들어 주어야 합니다.

체크 리스트 양식

② 반영구 화장 체크리스트

아트 메이크업은 아무에게나 시술할 수 없다. 기저 질환과 질병, 복용 중인 약 등에 대한 체크는 필수이다. 이 과정을 건너뛰게 되어 이후 문제가 발생하게 되면 반영구 시술자에게 책임이 있는 부분이므로 유념하자.

③ 반영구 시술 후 공통 고객 안내사항

어떤 부위에 진행되는 시술인지에 따라 사후 관리법이 조금씩 다르기는 하지만, 공통으로 지켜주어야 하는 사항들이 있다. 해당 주의사항은 그만큼 반영구에 필수적으로 중요하기 때문에 꼼꼼하게 안내해주어야 한다. 시술이 끝난 뒤 시술에 맞는 안내사항 설명서를 따로 제시하는 방법도 좋다.

(1) 시술 후 24시간 내 시술 부위에 물이 닿지 않도록 유의해주세요.
(헤어라인의 경우, 2일 정도 머리 감지 않도록 함)

(2) 시술 후 약간의 통증과 부기는 정상적인 증상으로 걱정하지 않아도 됩니다.
(아이라인의 경우 시술 다음 날 부기가 가장 심해 자기 전까지 냉찜질하고, 수면 시 시술 부위가 심장보다 높은 위치에 위치하도록 높은 베개를 사용해야 함)

(3) 3일 정도 시술 부위에 직접적인 마찰 및 클렌징 제품을 피해 주세요.
(헤어라인의 경우 일주일 정도 시술 부위를 비비며 감지 않도록 함)

(4) 회복될 때까지 메이크업을 최소화해 주세요.
(아이라인의 경우 일주일 정도 아이 메이크업을 하지 않는 것을 권장함)

(5) 3~5일 정도는 재생 크림을 아침, 저녁으로 꾸준히, 얇게 발라 주세요.
(입술의 경우 각질 탈각이 적을수록 착색력이 높아지므로 촉촉하게 립밤을 자주 발라 주어야 함)

(6) 시술 후 3~7일 무렵부터 자연스럽게 탈각이 진행되며, 딱지가 자연스럽게 떨어질 때까지 각질을 일부러 떼어내지 마세요.
(착색 중인 색소의 소실이 우려되며, 특히 아이라인의 경우 억지로 떼어내면 라인이 매끄럽지 못하고 듬성듬성하게 보일 수 있음)

(7) 일주일간 사우나, 직접적인 자외선 노출 및 수영이나 격한 운동, 술과 담배는 피해 주세요.
(염증 및 상처 재생 지연이 우려되며, 특히 입술의 경우 자극적인 음식이나 날 것은 피하도록 함)

(8) 각질 탈각 후 대칭이나 착색 정도가 다를 수 있으므로, 리터치로 보완합니다.
(리터치는 피부 재생 주기에 따라 최소 3주 이후 시행하도록 함)

(9) 피부 타입별 착색 정도가 다르며, 20~50%가량 색소가 빠질 수 있습니다.
(입술의 경우 재생 과정을 거치면서 서서히 더 진하게 올라옴)

CHAPTER 5

Q&A

비공개 라이브 방송 계정[48]을 운영하게 되면서, 전국의 수많은 사람들로부터 많은 질문 메시지를 받게 되었다. 어디에 물어볼 곳도 없는 상황, 그 답답함이 어찌할 수 없었을 것이다. 하나하나 세심하게 답변을 드리던 중, 한 가지 사실을 깨달았다.

'아, 모든 질문들이 서로 너무 비슷하고 내가 겪어 온 어려움들을 이 분들도 똑같이 겪으며 단계를 밟아 오시구나….'

그 순간, 인간이라는 존재가 얼마나 닮았는지를 실감하게 되었다. 겪는 어려움, 궁금증, 고민들이 그렇게 비슷하다는 사실을 알게 될 때, 서로를 이해하고, 위로하며, 공감의 감정과 애정을 나눌 수 있게 되는 것 같다.

메시지를 보내지 못한 사람들도 비슷한 고민을 가지고 있을 것이라는 생각이 들었다. 그 생각이 맞았다. 반영구화장인들을 위한 정보공유의 글을 게시하고 노하우를 공개한 후, 그것이 큰 도움이 되었다는 감사하다는 반응과 칭찬을 많이 받았다. 이런 뿌듯함에 힘입어 나는 계속해서 나눔의 즐거움을 중독처럼 즐기고 있었다.

※지금까지 받아온 질문 중 가장 자주 나왔던 주제들에 대해, 24년의 현업 경험을 바탕으로 한 지극히 개인적이고 주관적 견해를 드리려고 한다. 다른 의견들이 있을 수 있음을 참고하시길 바란다.

※그동안 받아왔던 Q&A 질문 중 가장 빈도가 높았던 것들에 대한 24년 현업 경력자의 개인적 견해입니다. 참고만 해주세요.

반영구인을 위한 Q&A

Q.반영구 메이크업과 문신의 차이는 무엇인가요?

문신은 피부 1-2mm 깊이에 색소를 주입하여 영구적이고 인위적인 느낌이 강한 반면, 반영구화장은 0.08-0.15mm 깊이로 시술하여 피부 손상을 최소화하고 자연스러운 느낌을 주며 1-2년 후 자연스럽게 연해짐으로 새로운 트렌드에 맞게 다시 시술할 수 있는 장점이 있습니다. 문신은 주입 깊이가 깊고 데미지가 강하여 알레르기와 감염 위험이 높지만, 반영구화장은 표피층 최상단부에 색소를 주입함으로써 피부 손상을 최소화하고 자연스럽게 색이 빠지는 메이크업 기술입니다. 문신은 부작용과 변색의 위험이 있지만 반영구화장은 안전하며 자연스러운 색감 연출이 가능합니다.

Q.반영구화장 시술 전 주의사항

1. 피부 표면에 상처가 나는 레이저 또는 화학 박피 시술을 한 경우 1주일 정도 뒤에 시술받는 것이 좋습니다.
2. 성형수술(이마 보형물/이마 지방이식/쌍꺼풀/코성형 등)을 한 경우 부기가 가라앉고 한 달 정도 뒤에 시술받는 것이 좋습니다.
3. 켈로이드 피부일 경우 시술이 불가능합니다. 하지만 귀를 뚫거나 점을 뺀 후 후유증이 없었다면 시술하셔도 무방합니다.
4. 입술 문신 후 헤르페스 바이러스로 인해 수포나 포진이 발생할 수 있으나 이는 시술 부작용이 아닙니다.

체내 잠복해 있던 바이러스가 활성화되어 단순포진으로 나타나게 됩니다.

(입술문신 후 약 처방으로 이를 예방하고 있습니다.)

Q.잔흔이 남아 있는데, 시술이 가능할까요?

네, 남아 있는 눈썹 잔흔 색상에 따라 시술 방법이 조금 다를 수 있습니다.

1. 레이저 제거후 재시술

2. 효소 리무버 후 재시술

3. 커버업

*푸른색 잔흔 - (육안 진단 후) 1064nm 파장의 레이저로 제거
또는 톤 체인지와 중화만 원할시 토닝렌즈로 가볍게 가능.
*붉은색 잔흔 - 중화 (남아 있는 정도에 따라 횟수 추가)
532nm, 670nm, 755nm 등 다양한 파장의 레이저를 병행
* 중화란?
변색된 기존의 색상을 변화시켜 시술의 질을 높이는 작업

Q.시술 시간은 얼마나 소요되나요?

모든 시술은 상담이 충분히 이루어진 후 진행되며, 넉넉히 1시간 반에서 2시간 정도 소요됩니다. 일반적으로 통증방지제 도포 25~30분 후, 30~50분 정도 시술이 진행됩니다.

Q.리터치 기간은 어떻게 되나요?

1차 시술후 착색 정도는 피부 상태에 따라 개인차가 있습니다. 피부의 평균 재생 주기는 28±3일로 리터치는 입술은 시술후 6~8주 뒤 눈썹과 아이라인, 헤어라인은 15일~6주 뒤가 좋습니다.

Q.라식, 라섹후 아이라인 반영구화장 시술이 언제부터 가능한가요?

시술후 1개월 이후부터 가능합니다.

Q.두피 문신(SMP)과 두피 컬러링의 차이가 무엇인가요?

한국인의 평균 모낭 깊이 4~6mm 내외입니다. 두피 문신(SMP)과 두피 컬러링 모두 두피 색소 요법으로 표피층에 작업이 이루어지지만 작업 깊이와 시술의 방식에 차이가 있습니다. 두피문신(Scalp Micropigmentation, SMP)은 0.8~1.5mm 깊이로 작은 점으로 모발의 밀도를 재현합니다.

2003년 후반부에 도입되기 시작한 두피 컬러링은 일반적인 두피 문신보다 더 얕은 0.5~1mm 깊이에 음영의 원리가 적용되어 주로 부분 탈모와 헤어라인, 구렛나루, 원형탈모 보완 시술에 중점을 두어 작업이 이루어집니다.

두피 문신과 두피 컬러링 모두 시술 깊이가 깊으면 시술 직후에는 점이 작아 보이지 않더라도 시간이 지날수록 점점 푸른색으로 번지거나 색이 바래는 문제점들이 발생할 수 있습니다.

Q.모발 이식 수술후 두피 염색이나 두피 반영구화장(SMP)이 언제부터 가능한가요?

시술후 1개월 이후부터 가능합니다.

Q.두피 문신 후 관리 방법은?

1. **시술 당일 샴푸는 피해주시고, 다음날부터 샴푸가 가능합니다. (최소 24시간)**
   두피에 열을 가하지 않는 것을 권장해 드리기 때문에 미지근한물로 샴푸하시고, 드라이시에도 뜨거운 바람은 피해줍니다.
2. **시술 부위가 가려울 경우 긁지 마시고 얼굴용 수분 미스트를 가볍게 분사해 주세요.**
   가려운 현상은 두피가 재생되며 일어나는 자연스러운 현상입니다.
3. **시술 직후 모자 착용은 가능하오나, 장시간 착용은 피해주세요. 열이 두피에 가해지면 색소가 빠질 수 있습니다.**
4. **시술후 최소 2주간은 직사광선을 피하고, 필요시 모자나 스카프를 착용하여 두피를 보호하세요. 수영장 사우나나 찜질방과 같은 습한 환경은 피하는 것이 좋습니다.**
5. **시술후 3일간 바르는 탈모약 사용을 피해 주세요.**
   바르는 탈모약외 복용하시는 탈모약은 꾸준히 복용 가능합니다.
6. **두피 문신 시술후 두피 마사지, 염색, 펌 등은 한 달 이후 가능합니다.**

Q.임신 또는 모유 수유 중인데, 시술해도 문제가 없을까요?

헤르페스 바이러스가 있는 경우, 출산 후 입술 반영구화장을 권장합니다.

눈썹, 아이라인, 두피 시술은 수포가 생길 확률이 낮지만, 입술 반영구화장은 항바이러스제 복용이 필요할 수 있습니다.

모유 수유 중에는 입술 반영구화장 시술을 권장하지 않지만, 불가피한 경우에는 시술 전 3일치 모유를 준비한 후 진행하는 것이 좋습니다.

반영구화장에 사용되는 통증 완화제와 색소는 모유를 통해 아기에게 전달될 가능성이 없습니다.

모유수유 중 약물 안전성 확인은 http://toxnet.nlm.nih.gov/cgi-bin/sis/htmlgen?LACT에서 가능합니다.

Q.반영구화장 시술 후 주의사항은 무엇일까요?

1. 시술 당일은 물 세안만 하는 것이 좋으며, 시술 부위를 제외한 다른 곳은 비누 세안이 가능합니다.
2. 시술 후 1주일 정도 수영, 헬스, 찜질방, 사우나, 땀이 많이 나는 운동은 피하는 것이 좋습니다.(각질의 조기탈락, 세포 재생기능저하, 색소 착색 방해)
3. 시술 부위에 사용하던 립스틱, 립글로스, 틴트 등의 화장품은 1주일 정도 사용하지 않는 것이 좋습니다.
4. 각질 탈락 전까지 재생 연고를 면봉에 묻혀 시술 부위에 얇게 발라 줍니다.
5. 시술 후 맵고 뜨겁고 자극적인 음식 등은 감염의 우려가 있으니 피해주세요.
6. 만약 시술 부위에 수포가 발생하였다면, 터트리지 마시고 병원으로 가셔서 전문가의 치료를 받으시길 권장합니다.
7. 염증을 유발할 수 있기 때문에 입술 반영구화장 시술 후 3일 간은 금주, 금연하시는 것이 좋습니다.

Q.반영구화장은 어떤 부작용이 있을까요?

반영구화장은 일회용 도구와 니들을 사용하여 시술하므로 감염 위험이 낮습니다. 또한 표피층에만 시술이 이루어지기 때문에 출혈이 거의 없어 염증 발생률도 현저히 낮습니다. 하지만 다음과 같은 부작용이 발생할 수 있으니 주의가 필요합니다.

1. 케미컬 알레르기(색소)

일부 고객은 사용된 색소에 알레르기 반응을 보일 수 있습니다. 사전 문진 상담 기록을 통해 피부가 민감하다고 체크된 경우, 피부 패치 테스트를 실시하여 알레르기 여부를 확인하고 관리해야 합니다.

2. 리도카인 알레르기

통증 방지를 위해 사용되는 리도카인에 알레르기 반응을 보이는 경우도 있습니다.

3. 부기 및 가려움

시술 후 일시적인 부기와 가려움증이 발생할 수 있습니다.

이는 자연스러운 회복 과정이며, 시술후 위생관리와 재생관리만 철저히 잘하신다면 해결될 수 있습니다.

4. 헤르페스 바이러스

입술 반영구화장 시술 후 구순포진(입술 포진) 증상이 나타날 수 있습니다. 해당 병력이 있는 경우 시술 전 미리 항바이러스제를 복용해야 합니다. 항바이러스제는 입술반영구화장 시술 3일전 또는 시술후 3일간 복용하시는 것이 좋습니다.

철저한 위생 관리와 사전 문진 상담을 통해 대부분의 문제들은 예방할 수 있으며, 시술 전 후 관리를 잘 따르면 안전하게 반영구화장을 받으실 수 있습니다.

Q.반영구화장 시술 후 음주나 흡연은 언제부터 되나요?

음주 및 흡연은 염증을 유발할 수 있으므로, 시술 후 최소 3일간은 금주 및 금연을 해주셔야 합니다

Q.반영구화장 시술후 술을 마시면 왜 안되나요?

술을 마시면 간에서 알코올이 분해되면서 아세트알데히드라는 대사물질이 생성됩니다. 이 과정에서 많은 수분이 소모되어 탈수 현상이 발생할 수 있습니다. 반영구화장 시술 후에는 피부 재생 과정이 중요하며, 충분한 수분 공급이 필요합니다. 술을 마시면 수분 부족으로 인해 피부 재생 속도가 느려지고 착색에도 부정적인 영향을 미칠 수 있습니다.

알코올은 혈관을 확장시켜 염증을 유발하고 세포 재생을 방해할 수 있습니다. 또한, 피부 장벽을 약화시켜 색소 침착에 문제가 생길 수 있습니다. 피부 재생 과정에서는 충분한 수분 공급이 중요하므로, 피부 회복에 방해가 될 수 있는 술은 최소 일주일간 자제하는 것이 좋습니다.

Q.반영구화장 시술 시 카밍밤을 가볍게 바르는 이유는 무엇인가요??

1. 바늘이 피부에 반복적으로 찔리면서 자극을 받을 수 있으므로, 카밍밤을 바르면 피부 표면을 부드럽게 만들어 자극을 줄이고 시술 중 피부를 보호하는 데 도움이 됩니다.
2. 색소가 피부에 잘 고정되도록 도와주며 번짐을 방지하고, 필요한 부위에만 색소가 정확히 침투하도록 합니다.
3. 카밍밤을 가볍게 바르면 피부가 유연해져 니들이 부드럽게 움직일 수 있으며, 보다 정밀한 작업이 가능해집니다. 이로 인해 니들이 피부에서 걸리거나 뜯기는 현상을 예방할 수 있습니다.
4. 부기와 염증을 감소시켜 시술 중과 시술 후 피부가 덜 자극받도록 빠른 진정을 돕습니다.
5. 피부에 보호막을 형성하여 수분 증발을 방지하고, 시술 후 피부가 건조해지는 것을 막아줍니다.

Q.반영구화장 시술시 코코 클리어솝을 사용하는 이유는 무엇인가요?

1. 시술전에 코코 클리어솝을 사용하여 피부를 깨끗하게 세척합니다. 이는 피부 표면의

오일, 먼지, 세균 등을 제거하여 시술 부위를 깨끗하게 만듭니다.

청결한 피부는 감염 위험을 줄이고, 색소가 더 잘 스며들게 합니다.

2. EWG 그린 1등급 천연성분으로 만들어졌으며 피부 자극, 눈시림이 없으며 속눈썹 펌과 속눈썹 연장 전처리제로도 사용이 가능한 인기 제품입니다.
3. 피부에 자극이 적고, 열려 있는 피부에도 무해하여 시술 중 안전하게 사용할 수 있습니다.
4. 아이라인, 눈썹, 입술, 두피 외 모든 반영구화장 및 타투 시술에 사용 가능합니다.
5. 판테놀 성분은 시술 중 자극을 받은 피부를 진정시켜 붓기나 염증을 줄이는 데 도움이 됩니다.
6. 시술 중에 피부에 묻은 색소, 혈액, 림프액 등을 제거하는 데 사용되며 주변에 묻은 색소를 부드럽고 자극없이 닦아내고, 색상을 더 선명하고 명확하게 보일 수 있도록 착색을 돕습니다.
7. 항균 성분이 있어 시술 중 감염을 예방하는 데 도움이 됩니다.
8. 적당한 수분감으로 피부의 유수분 발란스를 조절하며 색소의 착색을 더욱 용이하게 돕습니다.

Q.머신 그라데이션을 진행할 때 착색율을 정확히 예측하기 어려운 경우가 많습니다. 특히 지성 피부인 경우 레이어링을 하다 보면 결과가 예상과 다르게 나오는 경우가 있습니다. 이러한 문제를 해결하기 위해, 착색율을 더 정확히 예측할 수 있는 방법이 있을까요?

지성 피부는 피지 분비량이 많아 색소가 쉽게 빠질 수 있습니다. 유기안료 성분의 색소는 착색율이 높은 장점이 있지만 입자가 작아 투명도가 높답니다. 지성피부의 특징은 콜라겐의 과다 증식으로 표피가 두꺼우며 모공이 큰 경우가 많이 있답니다. 투명한 제형의 느낌보다 입자감이 있는 무기 베이스 색소를 믹스하여 무게감을 표현하는 것을 추천 드립니다.

유기+ 무기 믹스 추천

지성 피부에서는 레이어링을 할 때 너무 많은 층을 쌓지 않도록 주의해야 합니다. 각 레이어가 충분히 흡수될 시간을 두고 세포의 경직과 이완을 살피며 레이어의 두께를 조절하신다면 더 나은 결과를 얻을 수 있습니다.

Q.다른 사람들은 통증을 느끼지 않는데도 불구하고, 통증 방지제를 지속적으로 발라도 여전히 통증을 호소하는 이유는 무엇인가요?

1. 생리중인 사람: 자궁 내막의 혈액 순환이 증가하고 모세혈관이 확장하여 통증에 민감한 사람
2. 간 수치가 높은 사람: 신체적인 대사나 배설이 원활하지 않은 경우 마취 효과가 떨어질 수 있습니다.
3. 건강보조제 또는 다이어트약 장기 복용자: 마취제와 상호 작용하여 마취 효과가 떨어질 수 있습니다.
4. 술을 자주 마시는 사람
5. 심혈관, 신경계 , 중추 신경계 이상 질환
6. 비정상적인 체중 또는 체질
7. 수면장애
8. 피부 표면이 레이저 및 화학적, 물리적 외부 자극을 받은 경우 (필링, 각질제거, 박피, 프락셀 등)

Q.반영구화장 색소는 천연 색소인가요?

천연색소는 자연에서 추출한 순수한 색소이지만, 반영구 화장에 사용되는 색소는 일반적으로 천연 색소가 아닌 합성 색소입니다. 이러한 색소는 지속성과 안정성을 위해 유기 색소(Organic Pigments)와 무기색소(Inorganic Pigments)로 구분되고 있습니다.

천연 색소는 일관성, 안정성, 안전성 알레르기 반응 측면에서 많은 단점이 있기 때문에, 반영구 화장 시술에서는 합성 색소를 선호하는 경우가 많습니다. 이는 시술 결과를 예측하며 유지 기간을 보장하기 위해서입니다.

Q.켈로이드 피부에도 시술받을 수 있나요?

켈로이드 피부는 상처 치유 과정에서 과도한 반흔 조직이 생성되는 피부 상태입니다. 귀를 뚫거나 다른 상처 부위에도 큰 이상이 없으셨다면 시술은 가능할 수 있지만, 민감함 경우 전문가와 충분히 상담 후에 결정하시는 것을 추천합니다. 콜라겐 섬유의 단면을 긋거나 자르는 엠보 시술은 권장하지 않습니다. 엠보 시술 시 시술 깊이가 표피층이 아닌 진피층까지 이루어지거나 출혈이 발생하면 피부 섬유화가 일어날 수 있습니다. 이로 인해 두꺼운 상흔이 남게 되며, 초기에는 색소 분자들이 상흔 부위를 덮고 있어 육안으로 확인이 되지 않습니다. 하지만 1년 후 각화 작용으로 색소가 옅어지면서 붉은 색소 잔흔이 드러나게 됩니다. 특히 민감하고 상처가 잘 생기는 켈로이드성 피부의 경우 이러한 부작용 위험이 더 높게 나타날 수 있습니다.

Q.메이크업은 언제부터 할 수 있나요?

시술 부위를 제외한 모든 곳에 화장이 가능합니다. 하지만 감염 예방을 위하여 탈각이 일어나는 일주일간은 시술 부위에 직접적인 화장은 피하는 것이 좋습니다.

Q.시술 직후 세안이나 샤워도 가능한가요?

시술 부위는 감염의 우려가 있으므로 하루 정도는 물이 닿지 않도록 하는 것이 좋습니다. 다음 날부터는 시술 부위를 제외한 얼굴 세안과 샤워는 가능합니다. 또한, 일주일간은 목욕탕, 찜질방, 헬스장, 수영장 등 땀이 나는 운동을 피하는 것이 좋습니다.

Q.입술반영구화장 시술 중 갑자기 까만 점이 생기고 멍이 들었어요, 왜 그런가요, 해결방법을 알려 주세요.

1. 자반증: 똑같은 작업시간과 조건에서 유독 검은 혈점이 빨리 올라 오며 다른 사람보다 멍이 잘 드는 사람이 있습니다. 보통 혈점이나 멍은 니들 터치에 의해 외부 충격이 가해졌을 때 모세혈관이 터지면서 혈관 장벽 손상으로 생겨납니다. 피가 피부 아래 뭉쳐

검붉은 색을 띠게 되며 시간이 지날수록 검푸른색을 띠게 됩니다. 약한 니들링 터치에 도 쉽게 멍이 생기게 된다면 혈소판이 감소하는 질환인 자반증을 의심해 봐야 합니다.

2. 헤파린이나 아스피린 등 혈액 응고를 억제하는 약물을 장기간 복용하면 혈소판 기능이 저하되어 멍이 잘 들게 됩니다.
3. 피부가 유독 얇거나, 노화가 진행돼 혈관을 보호하는 피부 속 진피층이 약해진 경우.
4. 스테로이드제 잦은 사용: 혈관 내 주변 조직이 손상되고 피부가 약해질 수 있습니다.
5. 혈우병: 혈액 응고 인자 결핍으로 인해 출혈이 잘 멈추지 않는 질환입니다.
6. 냉찜질을 통해 모세혈관을 수축하여 혈액이 빠져나오지 못하도록 관리 합니다.
7. 코코 카밍밤을 구륜근 주변에 발라 1분간 가볍게 마사지합니다. 코코 카밍밤은 수분을 유지하고 흡수를 촉진하며 영양을 공급합니다. 항산화 효과와 세포 활성화에 도움을 주어 진정 및 재생을 촉진하며, 순식간에 부기와 멍, 작열감을 완화시킵니다. 민감한 피부에 반복적으로 사용하여 작업이 가능합니다.

Q. 입술에 각질이 많으면 완전히 제거해야 하나요? 추천할 만한 각질 제거제가 있나요?

각질 제거는 하지 않습니다. 코코 클리어 솝으로 닦으면 각질이 보이지 않습니다. 이 제품은 판테놀 성분이 포함되어 있어, 피부에 손실된 수분과 영양을 빠르게 공급합니다. 일반적인 계면활성제 클렌저와는 다른 개념입니다.

Q. 혈소판은 언제 나오나요? 진물과 혈소판은 같은가요?

일반적으로 시술 중에는 혈소판이 보이거나 나오지 않습니다. 반영구화장은 표피층 상단부에만 시술이 이루어지기 때문에, 시술이 잘 진행되면 출혈이 발생하지 않을 수 있습니다. 그러나 개인의 피부 상태에 따라 시술 부위에서 미세한 출혈이 있을 수 있으며, 이때 혈소판이 포함된 혈액이 나올 수 있습니다. 혈소판은 혈액 응고를 도와 상처를 막고 치유를 촉진합니다.

반영구화장 시술 후 상처 부위에서는 혈소판이 포함된 혈액과 함께 약간의 출혈이 있을 수 있으며, 이후 진물이 나올 수 있습니다. 진물은 상처의 회복 과정에서 자연스럽게 발생하는 체액으로, 상처를 청소하고 치유를 돕는 역할을 합니다. 진물은 맑거나 약간 노란색을 띠며, 물, 단백질, 전해질, 그리고 상처에서 죽은 세포와 미세한 세균 등이 포함될 수 있습니다.

시술 후에는 혈소판과 진물이 함께 관찰될 수 있지만, 두 물질은 서로 다릅니다. 혈소판은 혈액 응고에 관여하고, 진물은 상처 치유 과정에서 나오는 체액입니다.

반영구화장 시술 중 미세 출혈이 발생하였다면, 혈소판이 자연스럽게 응고 과정을 도와 출혈이 멈출 때까지 5~10분 정도 기다린 후 작업을 재개하는 것이 피부에 무리가 가지 않는 시술을 진행할 수 있는 방법입니다. 이 과정 동안 세포의 경직과 이완이 안정될 시간을 가지게 되며, 피부에 추가적인 자극을 줄일 수 있습니다.

Q.반영구화장 시술 시간이 길수록 탈각률이 높은 이유?

시술이 길어질수록 피부 데미지가 증가하여 염증 반응과 함께 피부 세포의 손상과 재생을 촉진시켜 탈각률이 증가할 수 있습니다.

Q.반영구화장 시술의 착색율을 높이면서 시술 시간을 단축할 수 있는 꿀팁은 무엇인가요?

유명한 성형외과 의사 중에는 '강남역 4번 출구의 마술사 아버지'라는 별명을 가진 분이 있습니다. 이분은 코 수술을 1시간도 안 걸려서 완벽하게 끝내시는데, 손이 너무 빠르고 솜씨가 뛰어나서 수술이 마치 마법처럼 느껴질 정도입니다. 부기와 멍이 거의 없어 마치 수술이 아닌 듯한 마술을 부린 듯한 기분을 줍니다. 환자들 사이에서는 타곳에 비해 회복이 빨라 일상 복귀도 신속하다며 소문이 자자하답니다.

또 다른 유명한 의사 선생님은 부산 서면의 가슴 수술의 대가로 알려져 있습니다. 이분은 수술 자극을 최소화하여 출혈이 거의 없고, 그 덕분에 환자들은 수술 후에도 피 주머니 없이 빠르게 회복할 수 있습니다. 진정한 '데미지 없는 시술'의 전문가라고 할 수 있죠!

이 두 의사 선생님을 보면서 깨닫는 중요한 점은, 시술이 빠르다고 해서 무조건 잘하는 것은 아니겠지만 수술이 빨리 끝나신만큼 데미지가 적고 회복이 빠르다는 공통점이 있었어요. 당연히 숙련도가 베이스가 되셨겠지만요. 반영구화장도 마찬가지 시술의 질을 높이려면 많은 연습과 훈련이 필요하겠지만 시술 시간이 길다고 정성을 다하는 것만이 아니라 오히려 피부 데미지 즉 세포 손상으로 인해 탈각율이 높아질 수 있답니다.

착색율을 높이면서 시술 시간을 단축할 수 있는 꿀팁:

반영구화장 시술 중 니들 자극이 반복되면 피부세포는 염증 반응을 일으킵니다. 이러한 염증 반응은 상처 치유와 재생 과정에서 중요한 역할을 하며 크게 네 가지 주요 단계로 나눌 수 있습니다. 다음은 각 단계가 세포의 경직과 이완에 미치는 영향입니다.

1, 붉어짐(Redness): 혈관이 확장되고 혈류가 증가

2. 통증(Pain): 염증 반응의 일환으로, 신경이 자극받아 세포가 긴장하게 됩니다. 이로 인해 세포는 경직되어 통증을 줄이려는 방어 반응을 보입니다.

3. 진물 또는 조직액(Fluid or Exudate): 진물이 발생

4. 혈액(Blood): 혈액이 상처 부위로 나오면 세포가 더욱 경직될 수 있습니다. 이때 2차 통증 방지제를 도포하고 1~5분 정도 혈액의 응고 과정과 치유 과정을 기다리면 세포가 이완됩니다. 이 과정에서 혈소판과 기타 치유 요소는 세포의 경직을 완화하고, 빠른 재작업과 시술의 착색률을 높일 수 있습니다. 색상의 선명도를 더 정확히 확인할 수 있으며, 많은 레이어링을 하지 않아도 작업을 쉽고 빠르게 진행할 수 있습니다.

Q.통증 방지제를 바르면 피부가 하얗게 변하는데 왜 그런가요?

통증 방지제를 피부에 도포 시 피부 단백질이 변형이되는 과정에서 혈관수축, 신경 차단 등으로 통증이 느껴지지 않는 것이 국소 표면 마취의 효과이며 이때 세포막이 팽창하며 피부가 하얗게 변화하게 됩니다. 세포막의 주요 성분인 단백질과 지방질의 형태적 변화로 인해 피부가 단단하고 하얗게 변화게 되는 것이 특징이며 지극히 정상적인 현상입니다.

Q.반영구화장이나 타투 시술에 마취를 과도하게 사용하면 색소 착색에 영향을 미칠 수 있나요?

1. 과도한 마취는 피부 손상으로 피부 변색 또는 과색소 침착이 발생하거나 색소가 고르게 분포되지 않는 위험이 있습니다.
2. 마취제에는 혈관 수축제가 포함되어 있는 경우가 많습니다. 혈관이 수축하면 혈액 순환이 감소하여 색소가 피부에 덜 흡수될 수 있습니다.
3. 마취 크림이나 젤을 과도하게 사용하면 피부가 부드러워지거나 일시적으로 팽창할 수 있습니다. 이로 인해 색소가 고르게 침투하지 못할 수 있습니다.

적절한 양의 마취제를 사용하는 것은 타투나 반영구화장 시 통증을 줄이는 데 유익합니다. 그러나 과도한 사용은 색소의 흡수를 방해할 수 있으므로 주의가 필요합니다. 시술자는 경험과 전문 지식을 바탕으로 적절한 양의 마취제를 사용하고, 시술 전후 피부 상태를 신중하게 관리하는 것이 중요합니다.

Q.마취제를 부위별로 다르게 사용해야 되는 이유는 무엇인가요?

마취제의 종류와 pH에 따라 피부 상태에 미치는 영향과 반응이 다르기 때문입니다.

1. 리도카인(Lidocaine)

일반적 사용

널리 사용되는 국소 마취제.

피부 반응

피부를 일시적으로 부드럽게 하며, 피부의 감각을 둔화시킵니다. 대부분의 사람들에게 피부를 팽창시키거나 단단하게 만들지 않습니다.

pH

중성 또는 약산성 (pH 4. 5~7).

2. 프릴로카인(Prilocaine)

EMLA 크림(리도카인과 프릴로카인의 혼합물)이 대표적입니다. 피부 표면에 바르면 진피층으로 흡수되어 마취 효과를 나타냅니다.

EMLA 크림은 리도카인 2. 5%와 프릴로카인 2. 5%를 포함합니다.

pH

약산성(pH 5~6)으로 피부와 점막에 부드럽게 작용합니다.

Q.피부 착색시 중요한 요소는 무엇인가요?

1. 피부두께/피부조밀도/결합조직
2. 피부타입(건성, 중성, 복합성, 지성, 광노화성)
3. 피시술자의 체온
4. 온도, 습도
5. 니들 깊이
6. 니들 테이퍼
7. 색소(유기,무기,하이브리드)
8. 머신의 스트로크
9. 각도
10. 스피드
11. 텐션/스트래치

Q.니들의 테이퍼란?

숏 테이퍼(Short Taper): 짧은 테이퍼는 피부에 색소가 쉽게 침투합니다. 작업 속도가 빠를 수 있지만, 피부 손상의 위험이 높습니다. 색소의 깊이를 잘못 조절하여 과도한 피부 손상을 초래할 수 있습니다.

롱 테이퍼(Long Taper): 긴 테이퍼는 피부에 침투할 때 더 부드럽고 천천히 들어가므로, 색소가 천천히 전달됩니다. 색소 침투가 어려울 수 있어 숙련된 기술이 필요합니다. 색소의 분사량을 조절하기 쉬워 섬세하고 디테일한 작업에 적합합니다.

Q.머신의 스트로크란(Stroke)?

머신의 니들이 상하로 움직이는 거리를 의미합니다. 이 거리는 바늘이 피부에 닿았다가 다시 올라올 때의 왕복 거리를 측정한 것입니다. 스트로크 길이는 보통 짧은 스트로크(short stroke), 중간 스트로크(medium stroke), 긴 스트로크(long stroke)로 구분됩니다.

짧은 스트로크(1. 8mm - 2. 5mm)

중간 스트로크(2. 6mm - 3. 5mm)

긴 스트로크(3. 6mm 이상)

1. 스트로크 길이

타투 머신의 스트로크 길이는 바늘이 피부를 찌를 때의 거리입니다. 스트로크 길이가 길어지면 바늘의 움직임이 더 커집니다.

2. 소음

스트로크 길이가 길어지면 바늘의 이동 거리가 길어지고, 이에 따라 타투 머신의 움직임이 더 클 수 있습니다. 따라서, 스트로크 길이가 길어질수록 타투 머신이 더 큰 소음을 낼 수 있습니다.

3. 모터

타투 머신의 모터 사양은 모터의 크기, 전력, RPM(분당 회전 수) 등을 포함합니다. 모터의 사양이 좋아지면 일반적으로 기계의 성능이 향상됩니다.

모터의 사양이 좋아지면 모터의 효율이 증가하고, 소음이 줄어들 수 있습니다. 하지만, 모터의 크기가 커지거나 RPM이 높아지면 더 큰 소음을 발생시킬 수도 있습니다.

4. 캠

캠은 모터의 회전 운동을 바늘의 직선 운동으로 변환하는 역할을 합니다. 캠의 설계 모양과 디자인 형태는 타투 머신의 소음에 큰 영향을 미칩니다.

Q.입술 반영구화장 작업시 저 단/ 고단 시술의 장단점은 무엇인가요?

입술 반영구화장 작업에서 저단/고단 시술은 각각의 장단점이 있습니다. 여기서 "단"은 시술 시 사용하는 바늘의 길이와 깊이를 의미하며, "저단"과 "고단"은 바늘의 깊이와 시술 강도를 나타냅니다.

저단 시술 (Low Depth/Low Intensity)

저단 시술은 바늘을 아주 얕게 넣어 한번의 터치로 많은 양의 색소를 피부에 전달할 수 있기에 색소를 표피층에 자연스럽고 부드럽게 표현하는 방법입니다. 피부 손상이 적어 부기와 통증이 덜합니다.

고단 시술 (High Depth/High Intensity)

색소가 진피층에 깊게 침투하므로 더 오랜 기간 유지됩니다.
지속 시간이 길어 리터치 주기가 길어질 수 있습니다.

Q.머신의 RPM이 무엇인가요?

RPM은 분당 회전수(Revolutions Per Minute)를 의미합니다. 전기 모터의 중심축이 1분에 몇 번 회전하는지를 나타내는 단위입니다. RPM은 기계의 회전 속도를 나타내는 중요한 지표

Q.반영구화장 색소는 FDA 승인이 되어 있나요?

아니요. 그렇지 않습니다.

전 세계 어디에도 FDA에 승인된 색소는 없습니다.

FDA(Food and Drug Administration)는 미국 보건복지부 산하의 국민의 건강과 안전을 지키기 위해 식품, 의약품, 화장품 등 다양한 분야에서 엄격한 관리와 규제를 수행하는 중요한 정부 기관입니다.

현재까지 FDA에서는 문신 및 반영구화장과 같이 피부에 주입하는 용도로 색소와 색상 첨가제를 전혀 승인하지 않고 있습니다.

https://www.fda.gov/cosmetics/cosmetic-products/tattoos-permanent-makeup-fact-sheet

Q.반영구화장 탈각후 피부에 색소가 남지 않을 수도 있나요?

입술 반영구화장 시술 후 탈각 과정에서 색소가 남지 않는 현상은 드물지만 특정 고객의 병력이나 생활 습관이 색소의 정착과 유지에 영향을 미칠 수 있는 예외적인 상황이 발생할 수 있습니다.

1. 심혈관질환 약물: 혈액 순환을 조절하는 약물(예: 혈액 희석제, 항응고제)은 피부의 혈액 순환에 영향을 미쳐 색소의 정착을 어렵게 할 수 있습니다.
2. 고혈압 약물: 고혈압 약물 역시 혈액 흐름에 영향을 주어 색소가 피부에 잘 고정되지 않을 수 있습니다.
3. 류마티스 관절염 약물: 면역 억제제를 포함한 약물은 피부의 재생과 치유 과정에 영향을 미칠 수 있으며, 색소의 정착에 부정적인 영향을 줄 수 있습니다.
4. 면역 억제제: 면역 체계가 억제되면 피부의 치유 과정이 변형될 수 있습니다.
5. 알레르기: 특정 알레르기는 피부 반응을 일으켜 색소의 정착에 영향을 줄 수 있습니다.

6. 알코올: 알코올은 혈관을 확장시켜 출혈을 증가시키고, 색소가 피부에 고정되기 어렵게 할 수 있습니다,
7. 카페인: 카페인은 피부의 수분을 감소시키고, 피부 회복을 더디게 할 수 있습니다.
8. 생선 기름 및 오메가-3: 이러한 보충제는 혈액 희석 효과가 있어 시술중 출혈 증가로 색소 착색에 방해가 될 수 있습니다.
9. 이부프로펜: 항염증제는 출혈을 증가시켜 색소가 피부에 제대로 정착되지 못하게 할 수 있습니다.
10. 피부 타입(예: 지성 피부, 건성 피부, 민감성 피부)에 따라 색소가 다르게 정착될 수 있습니다. 광노화성 피부와 건성 피부는 색소를 더 빨리 흡수하고 지성피부는 색소를 더 빨리 배출할 수 있습니다.
11. 피부 재생 속도가 빠른 사람의 경우 색소가 빨리 소실 될 수 있습니다. 이는 개개인의 피부 재생 주기에 따라 다를 수 있습니다.

Q.류마티스 관절염약을 장기 복용 중인 고객님께서 눈썹, 아이라인, 입술 반영구화장을 예약하고 오셨습니다. 그러나 다른 분들보다 유독 아파하시고, 아이라인과 입술에 피멍이 들었습니다. 저는 10년차 경력자이며 이런 경험은 처음이라 그 이유가 무엇 때문일까요?

류마티스 관절염은 관절 내막의 만성 염증으로 인해 관절 통증, 부종, 기능 저하 등의 증상이 나타나는 질환입니다. 류마티스 관절염 치료제로 많이 사용되는 약물에는 스테로이드, 면역억제제 등이 있습니다. 이러한 약물들은 몸이 붓거나 피부가 얇아지고 뼈가 약해지며 혈관 확장, 힘줄 및 인대 손상 등의 부작용 증상이 나타날 수 있습니다. 시술 중 면역과 대사 기능 저하로 마취 효과 지연 출혈 발생, 멍이 들기 쉬우며 상처 치유가 느리고 염증 및 감염이 더 쉽게 발생할 수 있습니다. 시술 후 감염 및 염증을 예방하기 위해 상처 부위를 청결하게 유지하고 필요한 경우 항생제 연고를 사용할 수 있습니다. 시술 전 의사와 상담하고 시술자와 충분한 상의를 통해 필요한 예방 조치를 취하는 것이 중요합니다. 이는 안전한 시술을 보장하고 부작용을 최소화하는 데 도움이 됩니다.

Q.스테로이드제를 오랫동안 사용한 아토피 피부 또는 문제성 피부에 반영구화장 시술을 할 때 발생할 수 있는 문제는 무엇인가요?

스테로이드제는 강력한 항염증 및 면역억제 작용을 하므로, 장기 사용 시 피부의 방어력이 떨어져 피부 조직이 얇고 약하여 쉽게 찢어지거나 멍이 듭니다. 스테로이드제 남용으로 인한 피부 면역력 저하로 인해 작은 상처에도 재생 속도가 느리며 세균, 진균, 바이러스 등의 감염이 발생할 수 있습니다. 오랜 스테로이드제 사용으로 인해 피부가 건조해지고 세포의 장벽과 서열이 무너져 유수분 밸런스의 불균형을 이루는 것이 특징입니다. 이로 인해 색소가 불균일하게 나타나거나 어둡게 변색이 발생할 수 있습니다.

Q.반영구화장 시술받기 전 커피나 술을 마셔도 될까요?

예약 전 최소 24시간 동안은 커피와 같은 카페인 음료도 섭취를 자제하고 깨끗한 피부 상태로 전문가와 상담하는 것이 좋습니다. 술은 혈액순환을 방해하여 과다출혈과 색소 소실, 색소 톤의 변화, 상처 치유를 지연시킬 수 있습니다.

Q.콜레스테롤 약을 복용 중인데 반영구화장 시술에 영향이 있을까요?

콜레스테롤 등이 증가할 경우 혈관이 좁아지고 탄력성을 잃어 혈관 장벽이 약하고 통증에 민감할 수 있습니다.

출혈 경향이 높고 마취 효과가 저하될 수 있으므로 주의가 필요합니다.

부기와 멍이 생길 가능성이 있기에 시술 전 충분한 상담과 계획 조정이 필요하며, 시술 후 철저한 관리가 중요합니다

Q.당뇨병이나 심혈관 질환 약물을 복용 중인 경우 반영구화장을 해도 괜찮을까요?

이런 만성 질환을 가진 사람들은 반영구화장은 가능하나 주의가 필요합니다. 당뇨병 환자는 상처 치유가 느리며, 감염의 위험이 높습니다. 한번 상처가 감염되면 염증이 발생하고, 이는 궤양으로 발전할 수 있으며 심해지면 조직 괴사가 일어날 수 있습니다. 당뇨병 환

자의 약 25%가 당뇨발로 인해 괴사에 이르게 되며, 이 경우 다리 절단이 필요할 수 있다고 합니다. 당뇨병 환자는 작은 상처라도 치유와 재생이 느려 콜라겐 섬유의 단면을 자르는 출혈이 많은 엠보 시술은 가급적 피하는 것을 추천 드립니다. 시술 전 반드시 주치의와 상담 후 시술을 받으셔야 합니다. 시술 후 상처 부위를 청결하게 유지하고 필요한 경우 항생제 연고를 사용할 수 있도록 합니다.

Q.입술반영구화장 후 입술 필러는 언제 맞을 수 있나요?

입술 반영구화장 후 필러는 보통 2주 후부터 가능합니다.

Q.입술 반영구화장과 입술 필러 시술 시 주의해야 할 점은?

아시크로버 정을 3일간 복용하는 것이 좋습니다.

Q.반영구화장(눈썹, 아이라인, 입술, 헤어라인, 정수리, 두피컬러링) 1차 각질탈각 후에도 색이 연해요.

사람에 따라 각질의 두께와 떨어지는 속도가 개인차가 있으며 각질이 떨어지면 바로 색이 올라오지 않습니다. 피부의 재생주기는 28일± 3일 정도로 재생 과정을 거치면서 피부 밑 진피 상부층에 머물던 색소가 표피 상부층 표면으로 올라오게 됩니다. 한달 동안 색이 서서히 나타나게 되며, 부족한 부분은 리터치로 수정 보완 가능하도록 합니다.

Q.아이라인 시술후 눈이 이전보다 건조하고 깜빡일 때마다 뻑뻑하고 걸리는 느낌이 있어 불편해요.

아이라인 시술 시 마이봄샘 부위를 과도하게 자극하면 안구건조증이 유발될 수 있습니다.눈꺼풀에 있는 마이봄샘은 눈물이 빨리 증발되지 않도록 막아주는 역할을 합니다. 눈을 깜빡일 때마다 기름 윤활제를 분비하며 눈을 부드럽게 열리고 닫히게 만들어 줍니다. 아이라인 시술 시 마이봄샘 부위를 과도하게 자극하면 이 기능이 저하되어 안구건조증이 유발될 수 있습니다. 눈동자와 맞닿는 점막 라인부분까지 아이라인 시술로 채우지 않는 것이 좋습니다. 또한 시술 직후 안연고 도포로 세균 감염을 예방하는 것이 좋습니다.

Q.입술 반영구화장 후엔 헤르페스가 원래 다 생기나요?

입술 반영구화장 시술후 헤르페스 바이러스(HSV-1)가 생기는 경우가 있습니다. HSV-1은 전 세계 인구의 대다수가 감염되어 있는 바이러스이기 때문에 입술 반영구화장을 한 후에도 헤르페스가 발생할 수 있습니다.

따라서 입술 반영구화장을 할 경우, 헤르페스 관리 및 예방에 대해 충분히 이해하고 시술을 받아야 합니다. 시술 전에는 헤르페스 바이러스 보균 여부를 확인하고, 보균자인 경우 적절한 예방 조치를 취해야 합니다. 이를 위해 시술 전 3일간 예방을 위해 아시크로버정을 복용하거나 시술 후 3일 이내에 아시크로버정을 복용 또는 연고를 바르는 것이 권장됩니다.

입술 반영구화장 시술을 받기 전에는 항바이러스제를 의사의 처방전을 받아야 구입할 수 있습니다. HSV-1은 주로 입술과 코 부분에 발생하기 때문에, 시술 후에는 입술 부위에 헤르페스(수포)가 발생할 수 있으니 주의해야 합니다. 시술 후에도 헤르페스 예방을 위한 조치를 취하며, 가능하다면 의사의 지시에 따라 3일간 항바이러스제를 복용해야 합니다.

Q.입술 반영구화장 시술을 받은 지 1년이 지났는데, 가끔 가렵거나 테두리에 감각이 없고 각질이 생기며 쪼이는 느낌이 듭니다. 시술과 관련이 있을 수 있을까요?

입술 반영구화장 시술 후 1년이 지났음에도 가끔 가려움, 감각 저하, 각질 생성, 쪼임 등의 증상이 발생한다면, 이는 케미컬 알러지나 구순염과 관련이 있을 수 있습니다.

***케미컬 알러지**

반영구화장 시 사용된 색소나 기타 화학 물질에 대한 알레르기 반응일 수 있습니다. 알레르기 반응은 즉각적으로 나타나기도 하지만, 몇 달 혹은 몇 년 후에도 발생할 수 있습니다. 알레르기 반응이 의심된다면 피부과 전문의의 상담을 받는 것이 좋습니다.

*구순염

구순염은 입술에 염증이 생기는 질환으로, 가려움, 건조함, 각질, 통증 등의 증상이 나타납니다. 반영구화장 시술 후 발생한 자극이나 화학 물질에 의한 반응으로 인해 구순염이 발생할 수 있습니다.

***관리 방법**

입술에 자극을 줄이고 수분을 공급하기 위해 무향, 무색의 보습제를 사용하는 것이 좋습니다. 지속적인 증상이 나타난다면 피부과 전문의에게 진료를 받아 정확한 원인을 파악하고 적절한 치료를 받는 것이 중요합니다.

Q.필러 시술을 받은 입술에 반영구화장 시술을 할 때, 텐션이나 니들링 주입 깊이를 일반 입술에 비해 어떻게 조절해야 하나요?

어떤 필러를 맞은 입술은 시술 시 텐션이나 스트레칭이 필요 없이 쉽게 시술이 이루어지고, 필러가 지지대 역할을 해주는 경우도 있습니다. 반면, 필러를 너무 많이 주입한 경우에는 니들이 닿자마자 통증을 느끼거나 피부가 찢어지거나 출혈이 발생할 수 있습니다. 필러의 주요 성분인 히알루론산은 몸속에서 자리를 잡으면서 주변의 수분을 흡수합니다. 그래서 입술 필러 후에는 건조함과 각질이 더 많이 발생할 수 있습니다.

이로 인해 시술 시 니들 자극에 의해 쉽게 찢어지거나 출혈이 발생할 수 있으므로, 코코밤과 같은 보습 성분을 충분히 바른 후 작업하거나, 섹션 범위를 짧게 나누어 계획적으로 구간 작업을 하는 것을 추천드립니다.

Q.남자 눈썹 지성 피부 엠보 시술시 피가 잘 나는 이유가 무엇인가요?

피부는 피지의 분비량에 따라 여러 유형으로 나눌 수 있습니다. 지성 피부는 피지 분비량이 많아 유분이 과다하게 분비되어 번들거리는 특징이 있습니다. 일반적으로 '개기름 많은 피부'라고도 표현되며, 이 유분이 여드름을 유발할 수 있습니다.

남성의 피부는 여성보다 약 30% 정도 두껍고, 이는 남성 호르몬인 테스토스테론 때문입니다. 테스토스테론은 콜라겐 합성을 촉진하고 피지 분비를 증가시켜 피부를 두껍게 만듭니다. 이로 인해 남성의 피부는 표피가 두꺼워지고 피지 분비량이 많아져 모공이 넓어지며 지성 피부의 특성을 띠게 됩니다.

지성 피부는 pH가 산성에 가까워 뾰루지와 같은 피부 질환이 생기기 쉬운 조건을 갖추고 있습니다. 또한, 유수분 균형이 깨지며 모공이 넓어지고, 피부가 두꺼워지는 경우도 있습니다.

지성 피부를 가진 남성들은 피부가 두껍고 피지 분비가 많지만, 피부의 탄력이나 저항력이 약할 수 있습니다. 이로 인해 엠보 작업 시, 다른 피부 타입에 비해 예리한 칼날과 같은 니들 자극으로 인한 출혈 발생률이 더 높을 수 있습니다.

Q.pH란 무엇일까요?

pH는 'Percentage of Hydrogen ions'의 약자로, 수소 이온 농도를 나타내는 척도이며, 산성 정도를 수치로 표현하는 방법입니다. pH의 기준 값은 7로, 이는 중성을 의미합니다. pH 1~6은 산성, pH 8~14는 알칼리성(염기성)으로 표시됩니다.

일반적인 피부 pH 값은 다음과 같습니다

* 두피: pH 4. 8
* 남성 피부: pH 5. 2
* 여성 피부: pH 5. 8
* 어린이 피부: pH 6. 5
* 여드름 피부: pH 7. 5
* 아토피 피부: pH 8. 0

피부의 pH 수치는 인종, 성별, 연령, 계절, 측정 부위 등 여러 요인에 따라 달라질 수 있습니다.

Q.반영구화장 시술 시 피부 pH 밸런스가 왜 중요한가요?

피부의 건강한 pH는 약산성인 5. 5~5. 9로 유지되어야 합니다.

이 약산성 환경은 피부의 보호막 역할을 하여, 피부를 촉촉하게 유지하고, 외부의 유해

성분인 세균이나 곰팡이로부터 피부를 보호합니다.

피부가 약산성인 이유는 피지선과 땀샘에서 나오는 분비물(지방산, 젖산, 아미노산, 유로킨산 등) 때문이며, 이때 만들어진 산성막은 천연 보호막 역할을 합니다. 피부가 산성에 가까우면 유분이 많아져 피부가 번들거리고 화장이 잘 지워지는 현상이 나타납니다. 반대로 알칼리성에 가까우면 각질이 자주 일어나고 피부가 건조해 당기는 증상이 나타납니다.

정상적인 피부는 일시적으로 알칼리 성분의 물질에 접촉해도 피부 표면에 있는 다양한 천연 보습인자들이 완충 작용을 하여 단시간 내에 다시 원래의 pH로 회복되는 방어 시스템을 가지고 있습니다. 그러나 지속적인 자극으로 피부 보호 장벽 기능이 떨어지면 피부 회복 가능이 감소하여 피부 문제를 일으키게 됩니다.

피부는 주로 케라틴이라는 단백질로 구성되어 있으며, pH 밸런스가 깨지면 이 단백질이 변성될 수 있습니다.

알칼리성에 가까워지면 세균이 쉽게 번식할 수 있어 다양한 피부 문제를 일으킬 수 있고, 피부가 건조해지는 원인이 됩니다.

반영구화장 시술 시 피부 pH 밸런스가 중요한 이유는 다음과 같습니다:

1. 색소 착색에 영향:

피부 pH가 정상 범위를 벗어나면 색소의 흡수와 착색에 영향을 미칠 수 있습니다. 적절한 pH 상태는 색소가 피부에 고르게 침투하도록 돕습니다.

2. 피부 자극 최소화:

pH 밸런스가 맞으면 피부 자극을 최소화할 수 있어, 시술 후 붉어짐, 통증, 염증 등의 부작용을 줄일 수 있습니다.

3. 재생 속도 향상:

정상적인 pH 상태는 피부의 자연 치유 과정을 촉진시켜, 시술 후 재생 속도를 높이는 데 기여합니다. 따라서 피부의 pH와 유수분 밸런스가 이상적으로 유지될 때, 반영구화장 탈각 후 최상의 착색 결과를 얻을 수 있습니다.

Q.갑상선 질환이 있으면 피부 pH가 어떻게 변화할까요?

1. 갑상선 기능 저하증

피부의 대사 기능이 저하되기 때문에 건조해지고 창백해질 수 있으며, 피부의 pH를 더 알칼리성으로 민감하게 만들 수 있습니다.

2. 갑상선암

피부 pH에 미치는 영향은 주로 암 치료 방법과 약물에 따라 달라질 수 있습니다.

3. 갑상선항진증

피부가 더 기름지고 피지 분비가 증가할 수 있으며, 이는 피부의 pH를 더 산성으로 만들 수 있습니다.

건강한 피부의 pH는 일반적으로 pH 4.5~5.5 정도인 반면 갑상선 기능 저하증이 있는 피부의 pH는 정상 범위보다 높아지는 경향이 있어 눈썹 반영구화장의 색상이 어두운 톤으로 변색되어 보일 수 있습니다.

Q.갑상선 질환(갑상선 기능 저하증, 갑상선암, 갑상선항진증)과 갑상선 호르몬 수치가 반영구화장 시술에 어떤 영향을 미칠 수 있으며, 이 질환을 앓고 있는 경우 시술 전에 특별히 주의해야 할 점은 무엇인가요?

1. 신체의 신진대사 기능저하로 마취의 흡수와 분포가 느릴 수 있습니다.
2. 피부를 건조하고 거칠며 각질이 많아 색소 침착이 어려울 수 있습니다.
3. 갑상선 호르몬 수치가 비정상적인 경우, 피부 상태와 면역 반응에 영향을 미쳐 시술 후 회복 과정과 색소의 유지에 영향을 줄 수 있습니다. 호르몬 수치가 불안정하면, 피부의 치유 과정이 느려지거나 색소의 변색이 발생할 수 있습니다.
4. 반영구화장은 표피층에 색소를 주입하여 출혈이 없는 안전한 시술이며, 색소의 유지 기간도 1~2년으로 짧아 대부분의 경우 안전합니다. 따라서 갑상선 질환(갑상선 기능 저하증, 갑상선암, 갑상선항진증)을 앓고 있는 경우에도 시술이 가능합니다. 다만, 만일의 경우를 대비해 시술자는 이러한 정보를 참고하여 안전하게 반영구화장을 시술할

수 있도록 합니다.

Q.반영구화장은 어느 정도 유지되나요?

*옅은 컬러: 1~2년

*짙은 컬러: 3~6년

(무기 기반 색소를 표피층에 정확한 기술로 주입한 경우 제시된 기간 동안 유지됩니다.)

2000년대 초반, 반영구화장을 처음 배울 때는 반영구화장이 영구 문신과 달리 피부 표피 상단부에 색소를 주입해 1~2년 동안 유지된 후 서서히 사라지는 것으로 배웠습니다. 그러나 최근 다양한 색소가 시장에 공급되면서 상황이 급변하였고, 현재는 반영구화장과 문신의 경계가 모호해졌습니다.

반영구화장 시장은 아날로그 머신에서 디지털 머신, 무선 타투 머신에 이르기까지 발전해 왔으며, 멤브레인이 좋은 타투 니들이 무한히 공급되고 있습니다. 초기에는 무기색소를 사용하던 반영구화장 색소가 유기 색소와 혼합된 하이브리드 색소로 대체되면서, 하이브리드 색소 시장도 점차 확대되고 있습니다. 그러나 이로 인해 반영구화장의 잔흔 문제가 더욱 심각해져, 현재는 잔흔 제거를 중심으로 한 교육이 인기를 끌고 있습니다.

반영구화장 시장의 변화에 따라, 니들 주입 깊이와 사용되는 색소에 대한 시술자의 이해가 매우 중요합니다. 무기색소를 사용한 반영구화장은 얕게 주입될 경우 1~2년 동안 유지될 수 있지만, 유기 색소나 하이브리드 색소를 깊게 주입하면 눈썹이 잿빛으로 변하거나 입술이 어두운 와인 색으로 변색될 수 있으며, 영구적으로 제거되지 않을 수 있습니다.

반영구화장은 자연스러운 표현을 위해 트렌드에 맞게 얼굴 형태, 나이, 직업, 계절, 거주지 등을 고려하여 눈썹 모양을 선택하는 것이 중요합니다. 예를 들어, 해외에서는 아치형 눈썹이, 국내에서는 일자형 또는 세미 아치형 눈썹이 인기입니다. 반영구화장의 적절한 유지 기간은 1~2년이며, 입자가 작은 유기 색소는 깊게 주입될 경우 면역 세포를 파괴하여 건강에 해로울 수 있으므로 주의가 필요합니다.

Q.유기 색소가 면역 체계에 미치는 영향은 무엇인가요?

입자가 작은 유기 색소는 반영구화장 색소뿐만이 아니라, 화장품이나 식품 등 다양한 제품에서 사용되는 색소로, 일반적으로 나노입자의 크기로 제조됩니다. 이러한 유기 색소는 피부에 쉽게 흡수되어 피부 조직으로 퍼지거나, 인체에 흡수될 수 있습니다.

입자가 작은 유기 색소는 몸속에 깊게 침투되어 대식세포(면역세포)의 기능을 방해하고 파괴할 수 있어 면역체계에 미치는 영향에 대해 여러 가지 측면에서 연구되고 있습니다. 유기 색소는 체내에서 염증을 유발하거나 세포 손상 및 면역반응을 활성화시킬 수 있으며, 알레르기 반응이나 자가면역 질환을 일으킬 수도 있습니다. 또한 유기 색소가 몸속에 축적되면 호중구 수가 비정상적으로 감소하는 백혈구 장애가 발생되고 이로인해 면역 체계가 약화되어 감염에 취약해질 수 있습니다.

Q.대식세포가 무엇인가요?

대식세포는 우리 몸의 면역세포 중 하나로 세균, 바이러스 등 외부 침입물을 포식하고 제거하는 중요한 역할을 합니다. 대식세포가 활성화되면 면역 반응이 강화되지만 반대로 수명이 줄어듭니다. 이로 인해 대식세포의 개체수가 줄어들어 면역 체계가 약화되면 감염에 취약해질 수 있습니다. 대식세포는 염증 반응을 조절하여 과도한 면역 반응을 억제하는 역할을 합니다. 또한 손상된 조직의 재생을 돕는 것으로 알려져 있습니다.

Q.호중구란 무엇인가요?

호중구는 선천 면역에 중요한 역할을 하는 백혈구입니다. 반영구화장 시술중 니들 터치로 인한 세포 장벽 손상시 가장 빨리 반응하는 세포 중 하나로 혈관을 통해 손상된 염증 부위로 이동합니다. 호중구 감소증은 감염 위험을 높이는 가장 위험한 질환입니다.

Q.포다이스반의 입술 반영구화장 증상과 특징, 주의사항은 무엇입니까?

포다이스반은 입술에 나타나는 작고 통증 없는 돌기로, 원래 피지선이 존재하지 않아야 할 부위에 피지선이 형성되어 생기는 현상입니다. 사춘기 이후 성호르몬의 영향을 받으면서 피지선이 발달하여 포다이스반이 생기는 경우가 많습니다.

최근 들어 입술 필러 시술이 유행하면서 포다이스반의 피부 병변이 더 자주 발견되고 있습니다. 이는 림프 순환의 불균형으로 인한 것으로 추측되며, 피부 조직이 딱딱하게 변형되어 반영구화장시 색소 주입이 더 어려워지고 얼룩 현상 발생할 수 있습니다. 군집형의 밀집도가 과도한 포다이스반의 경우 반영구화장으로 색상을 주입하기보다 피부과 전문가와 상담 후 레이저 시술을 받은 뒤 입술 반영구화장을 받는 것을 권장드립니다. 이를 통해 포다이스반 부위의 피부 상태를 개선하고, 보다 자연스럽고 만족스러운 입술 반영구화장 효과를 얻을 수 있을 것입니다.

Q.입술이 다른 신체 부위보다 빨리 건조해지는 이유는 무엇인가요?

피지선과 땀샘의 부재, 그리고 얇은 피부층 때문입니다. 입술이 붉거나 분홍색으로 보이는 이유는 입술의 피부가 얇아서 혈관이 비쳐 보이기 때문입니다.

Q.반영구화장에 사용되는 무기색소와 유기 색소는 무엇이며 눈썹과 입술에 주로 사용되는 성분과 CI 번호를 알려주세요.

1. 무기색소(Inorganic Pigments)

무기색소는 광물성 원료로 만들어지며, 내구성이 높고 알레르기 반응이 적습니다.

Titanium Dioxide(CI 77891)

사용 부위: 주로 입술과 피부 베이스 색상

색상: 흰색

Iron Oxides(CI 77491, CI 77492, CI 77499)

사용 부위: 눈썹, 입술, 아이라이너

색상:

CI 77491: 적갈색(Red Iron Oxide)

CI 77492: 황색(Yellow Iron Oxide)

CI 77499: 검정색(Black Iron Oxide)

Chromium Oxide Greens(CI 77288)

사용 부위: 눈썹, 아이라이너

색상: 녹색

Ultramarines(CI 77007)

사용 부위: 입술, 아이라이너

색상: 파란색

2. 유기색소(Organic Pigments)

유기색소는 탄소 화합물로 구성되어 있으며, 밝고 생동감 있는 색상을 제공합니다.

레드

카민(Carmine): CI 75470

비트 레드 (Beet Red): CI 16255

메틸 레드 (Methyl Red): CI 13020

핑크

카민 (CI 75470)과 산화철 (CI 77492) 혼합.

합성 유기색소

D&C Red No. 6(CI 15850)

사용 부위: 입술

색상: 빨간색

D&C Red No. 7(CI 15850)

사용 부위: 입술

색상: 빨간색

선명한 빨간색으로 입술 색상에 사용됨

D&C Yellow No. 5(CI 19140)

사용 부위: 입술, 눈썹, 스킨 색소 색상

색상: 노란색

밝고 생생한 노란색을 제공하며, 다른 색소와 혼합하여 다양한 색조를 만듦

D&C Blue No. 4(CI 42090)

사용 부위: 아이라이너, 입술

색상: 파란색

선명한 파란색으로, 입술 색상에도 사용되며 다른 색소와 혼합하여 다양한 색조를 만듦

D&C Green No. 5(CI 61570)

사용 부위: 아이라이너. 눈썹

색상: 녹색

"D&C"는 Drug and Cosmetic의 약자로, 미국 식품의약국(FDA)에서 승인된 의약품 및 화장품 색소를 의미합니다. D&C 색소는 미국에서 의약품과 화장품에 사용할 수 있도록 안전성이 검증된 색소를 말합니다.

따라서, D&C Red No. 6 CI 15850는 FDA에서 의약품과 화장품에 사용하기에 안전하다고 승인된 빨간색 색소를 의미하며, CI 15850은 국제 색상 지수 (Color Index) 번호로,

전 세계적으로 색소를 식별하는 표준 코드입니다.

D&C 색소는 주로 화장품, 특히 립스틱과 같은 제품에서 사용되는 합성 유기 색소입니다.

이러한 합성 유기 색소들은 일반적으로 화장품 성분 목록에 포함되어 있으며 빛이나 열, pH 변화에 의해 색상이 변할 수 있습니다. 반영구화장에서는 색소의 지속성이 중요하기 때문에, 이러한 색소는 일반적으로 사용되지 않습니다.

반영구화장에 사용되는 색소는 안전성과 효능에 대한 규제가 엄격합니다. 합성 유기 색소는 이러한 규제를 통과하지 못하는 경우가 많습니다.

또한 반영구화장은 피부에 깊이 침투하여 오랜 기간 동안 색상을 유지해야 합니다. 무기 색소나 특정 안전성이 입증된 유기 색소가 더 적합합니다.

따라서, 반영구화장에서는 일반적으로 안전성 및 내구성이 높은 무기 색소나 특정 유기 색소가 사용됩니다.

Q.카본은 유기 색소인가요, 무기 색소인가요? 카본과 카본블랙의 차이는 무엇인가요?

카본은 유기화합물로 구성된 화학 원소인 탄소(C)로 이루어진 물질을 일컫습니다. 유기색소는 탄소와 다른 원소들로 구성된 유기화합물로, 석유, 석탄, 천연가스, 생명체나 유기체에서 발견될 수 있는 색소를 말합니다.

반면, 무기색소는 유기화합물이 아닌 무기물 즉, 광물에서 추출된 금속과 비금속 원소로 이루어진 색소입니다.

카본 블랙은 역시 탄소로 이루어진 물질이며, 일반적으로 화원에서의 불완전 연소나 열분해 과정 등에 의해 생산됩니다. 주로 연탄과 참나무 등에서 얻어집니다.

카본 블랙은 유기색소나 무기색소에 속하지만, 주로 무기색소로 간주됩니다. 카본 블랙은 검은색 또는 다크 브라운 계열의 색을 만들 때 사용되고 있습니다.

Q.눈썹 문신 색소가 초록색이나 파란색으로 변하는 원인은 주로 무엇 때문인가요?

1. 크롬 화합물

크롬 화합물은 초록색 색소의 원인 중 하나가 될 수 있습니다. 크롬을 포함한 색소가 피부에 주입되면 시간이 지남에 따라 색상이 변할 수 있습니다.

2. 구리 화합물

구리 화합물은 종종 청록색 또는 파란색 색소에 사용됩니다. 구리 기반 색소가 시간이 지나면서 초록색으로 변할 수 있습니다. 이는 구리가 산화되거나 다른 화학 반응을 일으키기 때문입니다.

3. 산화

유기 색소는 산소에 노출되면 산화되어 색상이 변할 수 있습니다. 붉은색과 노란색 색소는 산화되면서 시간이 지나면 초록색이나 파란색으로 변색될 수 있습니다.

4. 자외선

자외선(UV)에 노출되면 유기 색소가 분해되거나 변색될 수 있습니다. 특히, 야외 활동이 많은 경우 변색이 더 빨리 일어날 수 있습니다.

5. 피부의 pH

피부의 산성도(pH)가 변화하면 유기 색소가 반응하여 색상이 변할 수 있습니다. 이는 특히 땀이나 화장품, 피부 관리 제품과의 상호작용으로 발생할 수 있습니다.

6. 시간 경과

시간이 지남에 따라 유기 색소는 분해되어 원래 색상에서 다른 색상으로 변할 수 있습니다. 이는 색소의 화학적 안정성(분산, 이동)과 관련이 있습니다.

변색을 예방하는 방법은 고품질의 색소를 사용하여 피부의 표피층에 얇게 주입하고, 색소가 변색되기 전에 주기적인 리터치를 받을 수 있도록 합니다.

Q.반영구화장 색소는 MRI 검사에 안전한가요?

일반적으로 반영구화장 색소는 대부분 MRI에 안전한 것으로 알려져 있습니다. 그러나 특정 색소는 금속 성분을 포함할 수 있어, MRI 촬영 시 문제가 발생할 수 있습니다.

시술 전에 사용하는 색소의 성분을 확인하고, 금속 성분이 포함되어 있는지 여부를 파악하는 것이 좋습니다. 색소 제조사나 시술자에게 색소의 안전성에 대한 정보를 요청할 수 있습니다.

반영구화장에 사용되는 색소는 대부분 산화철 기반이며, MRI 촬영 시 자기장이나 전자기장에 의한 영향이 크지 않습니다. MRI 촬영 시 화상이나 부종 등의 부작용이 발생할 수 있다는 경고가 있지만, 최근 25년간 이러한 이슈가 보고된 사례는 단 한 건도 없습니다.

Q.REACH란 무엇인가요?

REACH란?: REACH(Registration, Evaluation, Authorisation and Restriction of Chemicals)는 유럽연합의 화학물질 등록, 평가, 인가 및 제한에 관한 규정입니다. 이 규정은 화학물질의 안전성을 보장하고, 인체와 환경에 대한 위험을 최소화하기 위해 제정되었습니다.

REACH는 2007년에 발효되었으며, EU 회원국에서 판매되거나 사용되는 화학물질에 대한 포괄적인 규제를 제공합니다.

https://echa.europa.eu/

유럽화학물질청(ECHA)의 공식 웹사이트에서 REACH 등록 정보를 검색할 수 있습니다. ECHA의 웹사이트에는 REACH 등록된 화학물질에 대한 데이터베이스가 있습니다.

REACH 외에도 화학물질 관리와 관련된 다른 중요한 규제가 있습니다.

대표적인 것이 CLP(Classification, Labelling and Packaging) 규정입니다. CLP 규정은 화학물질의 유해성 분류, 표시 및 포장에 관한 규정으로, REACH와 함께 화학물질 관리의 핵심 축을 이루고 있습니다.

Q.반영구화장 색소의 유통기한은 얼마나 되나요?

미개봉 제품의 일반적인 유통기한은 적절한 보관 조건에서 보관할 경우 3년입니다. 개봉한 제품 용기는 12개월입니다. 개봉 후에는 색소가 공기와 접촉하여 산화되거나 오염될 수 있습니다. 색소를 직사광선이 닿지 않는 서늘하고 건조한 곳에 보관해야 합니다.

Q.반영구화장에서 'MSDS'라는 용어를 많이 듣는데, 이게 정확히 뭐예요? 어떤 역할을 하나요?

MSDS 란? Material Safety Data Sheet 의 약자로 물질안전보건자료를 뜻합니다. MSDS 에는 반영구화장 색소의 성분 정보(CI번호), 염료의 유해성, 위험성, 취급방법, 응급조치 16가지 항목 등을 확인할 수 있습니다.

Q.MSDS의 CI 번호가 무엇인가요?

MSDS에서 CI(Color Index) 번호는 화학물질의 색상 정보를 나타내는 중요한 식별 번호입니다. MSDS 작성 시 CI 번호를 확인하여 기재하는 것이 필수입니다. 화학물질정보시스템(NCIS) 등에서 MSDS에 기재되는 CI 번호를 확인하면 어떤 화학물질인가? 어떤 색상인가? 인체에 미치는 영향은 어떠한가? 와 관련 해당 제품의 안정성과 성분 정보를 모두 알 수 있습니다.

Q.반영구화장 제품의 MSDS CI 번호를 확인하는 방법은?

미국의 색소들은 자사 홈페이지에 의무적으로 MSDS를 공유하도록 오픈하고 있습니다, 하지만 한국 반영구화장은 현 정부의 제도적 여건상 시중의 모든 색소들이 온라인 마켓에 오픈이 잘 되어 있지 않은 경우들이 많이 있습니다. MSDS 제출 여부는 한국산업안전보건공단 MSDS 사이트에서 확인할 수 있지만, MSDS 자체는 제조사에서 직접 받아야 합니다.

Q.반영구화장 색소에 관한 성분 정보 및 제품 공식 인증 허가 정보는 어디에서 알 수 있을까요?

식약처 인증을 받은 제품에는 인증 마크가 부착되어 있습니다. 이를 통해 제품이 안전성을 검증받았는지 확인할 수 있습니다. 제품 포장이나 라벨에 기재된 허가 번호를 식약처 웹사이트에서 검색하여 해당 제품의 안전성과 성분 정보를 확인할 수 있습니다. 초록누리에서도 색소에 대한 성분 정보를 얻을 수 있습니다. 해당 제품을 구매한 곳이나 제조사/수입사에 직접 연락하여 MSDS를 요청할 수도 있습니다.

현재 문신·반영구화장 행위에 사용되는 '문신용 염료'는 현재 관련 법규가 없어 식약처가 염료의 안전성 기준을 마련해야 한다는 보도가 있었습니다. 식품의약품안전처는 "현재 문신용 염료는 환경부 법률에 따라 함유 금지 물질·색소 등 안전관리 기준을 설정해 관리하고, 내년 6월부터 문신용 염료 식약처 소관 위생용품으로 안전관리를 이관할 계획"이라면서 "정부는 문신용 염료 안전관리를 차질없이 추진하고 있다"고 밝혔습니다.

[출처] 대한민국 정책브리핑(www.korea.kr) 2024. 03. 28.

Q.반영구화장 색소에서 로진은 착색과 발색에 어떤 영향을 미치며, 로진이 많이 포함된 색소가 더 좋은 것인가요?

로진(Rosin)은 소나무 수액에서 얻어집니다. 색소의 점도를 높여 피부에 고르게 퍼지도록 돕습니다. 이는 색소가 피부에 균일하게 착색되도록 하여 발색을 더욱 선명하고 고르게 만들어 줍니다.

반영구화장 색소나 메이크업 제품에서 발색과 착색을 도와주는 점착성 역할을 하며 로진의 함량이 많다고 해서 반드시 더 좋은 색소는 아닙니다.

로진은 알레르기를 유발할 수 있는 성분 중 하나로, 일부 사용자에게 피부 자극이나 알레르기 반응을 일으킬 수 있습니다.

로진은 약품의 점착제나 연고의 성분으로, 피아노의 건반과 현악기의 활에 발라서 소리를 내는 데 사용됩니다.

Q.색소에 솔루션을 추가하면 착색의 효과와 결과에 영향을 줄 수 있나요?

솔루션의 종류와 성분에 따라 다양한 효과가 있을 수 있습니다.

1. 글리세린 솔루션

피부에 수분을 공급하고 수분 증발을 방지합니다. 시술시 색소가 건조해지는 현상을 방지하고 색소가 피부에 더 잘 착색되도록 도와줍니다. 글리세린은 점도를 조절합니다. 이로 인해 색소가 피부에 더 균일하게 선명하게 분포할 수 있으며 시간이 지나도 변색되지 않는 장점이 있습니다.

2. 정제수 타입의 솔루션

정제수는 점도가 낮아 색소와 혼합 시 가볍고 부드러운 텍스처를 제공합니다. 이로 인해 색소의 확산이 쉬워지며, 피부에 고르게 퍼지기 쉽습니다. 피부에 빠르게 흡수되어 색소가 깊이 침투하도록 돕습니다.

하지만 제조사에 따라 솔루션이 아닌 바인더로 출시되어 색소의 고착력과 지속성을 강화하며 시술의 점도 조절 효과를 높이는데 기여하기도 합니다.

ex) Ever After Pigments

Q.에버에프터 색소에 함께 판매되는 에센스는 평소 사용하던 타사의 솔루션과 다른걸까요? 일반적인 솔루션을 믹스해서 사용하면 안되나요?

네, 에버에프터 색소에 함께 판매되는 에센스 바인더와 솔루션은 반영구화장 색소에서 각각 다른 역할을 하는 성분입니다. 두 가지는 모두 색소의 성능을 조절하지만, 기능과 성격이 다릅니다. 해당 에센스는 색소 입자가 피부에 잘 붙어 있도록 부착력 강화와 색소의 점도를 조절하여 시술 시 편리하게 사용할 수 있게하며 피부를 보호하고 자극을 줄이는 데 도움을 줍니다. 바인더의 일종으로는 로진 (Rosin), 글리세린 (Glycerin), 폴리머 (Polymers), 에틸렌 비닐 아세테이트 (EVA), 알지네이트 (Alginate), 실리콘 (Silicone),

폴리에틸렌 글리콜 (PEG) 등이 있습니다.이 외에도 다양한 바인더 성분이 사용될 수 있으며, 색소의 특성에 맞게 선택됩니다. 바인더의 종류와 성분은 색소의 품질과 시술 결과에 큰 영향을 미치므로, 시술에 사용되는 색소의 성분을 충분히 이해하는 것이 중요합니다.

Q.2차 통증 방지제를 바르자마자 입술에 멍이 든 것 처럼 청색증이 발생한 경우 왜 그런걸까요?

1. 2차 통증 방지제에는 혈관 수축제 성분이 포함된 경우가 많습니다. 이 성분은 혈관을 수축시켜 출혈을 줄이는 데 도움을 주지만, 때때로 과도한 수축으로 인해 피부 색이 변하거나 청색증이 발생할 수 있습니다.
2. 시술 중 터치 수압을 과도하게 가하면, 혈관이 압박되어 멍이 들거나 청색증이 발생할 수 있습니다.
3. 개인의 피부 상태나 체질, 민감도, 알레르기, 복용 약물에 대한 상호 반응, 자가 면역 질환 등의 반응이 있을 경우 이런 현상이 발생할 수 있습니다.

Q.눈 밑 애교살 반영구화장에 대해서 어떻게 생각하시나요?

애교살 반영구화장에서 하이라이트 효과를 주기 위해 사용되는 티타늄 디옥사이드는 주로 흰색 색소나 자외선 차단제 등에서 사용되는 성분입니다. 이 성분을 사용할 때엔 고려해야 할 몇 가지 중요한 사항들이 있습니다. 흰색 색소는 자외선에 노출되면 시간이 지남에 따라 색상이 변하거나 황변할 수 있으며, 레이저 제거가 어려운 경우가 많습니다. 만약 시술 후 결과에 만족하지 않거나 제거를 원할 경우, 제거가 복잡할 수 있습니다. 시술 전 경험이 많은 오랜 경력의 선배 시술자들의 충분한 상담과 조언을 통해 신중하게 결정하는 것이 중요합니다.

Q.젊은분들은 괜찮은데 나이드신분, 피부가 건성이신 분들은 직후 발색은 괜찮은데 아이라인 작업시 통탈각이 되고 색이 안 남는 이유는 왜 그런걸까요?

1. 건성 피부는 각질이 자주 발생할 수 있습니다. 이로 인해 색소가 피부에 제대로 침투하기 어려워 색소의 착색이 어려울 수 있습니다.
2. 노화로 인해 피부의 탄력과 지질 구조가 무너지고 이로 인해 색소가 피부에 제대로 착색되지 못할 수 있습니다. 피부 탄력이 감소할수록 색소의 안정성을 저하시킬 수 있습니다.

Q.반영구화장 색소의 안전성 (Safety)과 안정성(Stability)은 어떻게 다른가요?

1. 안전성(Safety): 색소가 얼마나 안전한지 건강에 미치는 영향
2. 안정성(Stability): 색소가 시간이 지나 원래의 상태를 얼마나 유지하는지 물리적 화학적 변화 정도를 의미

Q.무기 색소와 유기 색소는 피부에 니들 주입 깊이와 터치 방식이 다르다고 하는데, 어떻게 다르게 터치해야 하나요?

무기 색소와 유기 색소의 주입 깊이 및 터치 방식에 대한 학문적 설명

1. 무기 색소(Inorganic Pigments):

***입자 크기:** 무기 색소는 입자가 큽니다.

***주입 깊이:** 입자가 크기 때문에 피부의 더 깊은 층에 주입하는 것이 좋습니다. 피부 표면에 남아 있을 경우 색소가 빨리 빠지는 경향이 있습니다.

***압력:** 무기 색소를 깊게 주입하려면 좀 더 강한 압력이 필요합니다.

2. 유기 색소(Organic Pigments):

***입자 크기:** 유기 색소는 입자가 작고 가볍습니다.

***주입 깊이:** 입자가 작아 피부에 잘 분산되므로 표피층에 주입하는 것이 효과적입니다. 색소가 피부 깊숙이 들어가면 변색이 일어날 수 있습니다.

니들 선택에 따른 피부 손상 및 색소 주입의 학문적 설명:

롱테이퍼 니들(Long Taper Needles):

***특징:** 니들 끝의 단면이 좁아 피부에 가하는 데미지가 적습니다.

***적용:** 유기 색소를 피부의 상부층에 얕게 주입하기에 적합합니다.

***초보자 반응:** 초보자들은 롱테이퍼 니들이 날카롭다고 느껴 무서워하는 경향이 있습니다.

***숏테이퍼 니들 (Short Taper Needles):**

***특징:** 니들 단면이 피부의 넓은 면에 닿아 피부에 가하는 데미지가 큽니다.

***적용:** 쑥쑥 잘 들어가서 유기 색소보다 무기 색소에 적합하다고 평가됩니다.

***초보자 반응:** 초보자들은 숏테이퍼 니들을 사용하여 쉽게 색소를 주입하는 경향이 있습니다.

현장과 이론의 차이:

이론적으로는 롱테이퍼가 유기 색소에 적합하고 숏테이퍼가 무기 색소에 적합하다고 합니다. 하지만 실제 현장에서는 초보자들이 숏테이퍼를 사용하여 유기 색소를 주입하고 있습니다.

***색소 선택:** 초보자들은 색이 빠지는 것을 우려하여 유기 색소를 사용하며, 변색을 피하기 위해 노란색을 많이 띄는 유기 색소를 사용하는 경우가 많습니다.

***미래의 문제:** 나중에 노란색이 잘 빠지지 않는 잔흔이 남을 가능성이 존재합니다.

결론:

***무기 색소:** 깊게 주입하고 강한 압력을 사용해야 하며, 숏테이퍼 니들이 적합합니다.

***유기 색소:** 얕게 주입하고 롱테이퍼 니들이 적합합니다.

***실제 적용:** 초보자들은 숏테이퍼 니들을 사용하고, 색 빠짐과 변색을 고려하여 유기 색소를 선택하는 경향이 있습니다.

이러한 차이점과 현장 적용 방식을 이해하면 반영구화장 시술에서 색소의 착색 효과와 안정성을 최적화할 수 있습니다.

Q.고객님의 컴플레인에 효과적으로 대응하기 위한 노하우와 팁이 있으면 알려주세요.

고객의 컴플레인에 효과적으로 대응하기 위해서는 다음과 같은 절차를 따르는 것이 좋습니다. 이러한 프로세스는 고객과의 신뢰를 유지하고 문제를 해결하는 데 도움이 됩니다.

1. 사과하기

고객의 불편을 끼친 점에 대해 진심으로 사과합니다. 예를 들어:

먼저, ** 반영구화장 시술 후 불편을 겪으셔서 진심으로 사과드립니다.

이때 절대 핑계를 대지 마시고, 고객에게 책임을 먼저 물으셔도 안되요!! 아직은 절대!!!! 그말이 입 밖으로 먼저 나오시면 안되세요!!! 꾹 참으세요!!!

2. 절대적 공감하기

고객의 감정을 절대적으로 이해하고 백번 천번 공감하는 표현을 사용합니다. 예를 들어:

고객님께서 겪으신 불편함이 얼마나 힘드셨을지 충분히~ 너무 너무 이해합니다.

3. 문제 확인하기

고객의 상황을 자세히 듣고, 문제의 원인이나 경과를 확인합니다. 예를 들어:

어떤 증상이 나타났는지, 시술 후 어떤 경과가 있었는지 말씀해 주시면 감사하겠습니다.

4. 보상 제안하기

적절한 보상을 제안합니다. 예를 들어:

이번 상황에 대해 보상을 드리고 싶습니다. 추가적인 치료나 리터치 서비스 제공을 통해 고객님께 도움을 드릴 수 있도록 하겠습니다.

5. 후속 조치 및 안부 확인(메시지 또는 확인 전화 필수)

고객의 상태를 지속적으로 확인하고, 필요한 경우 추가 지원을 제공합니다. 예를 들어: 이후에도 불편함이 계속되신다면 언제든지 연락해 주시기 바랍니다. 무조건 고객님의 건강이 최우선입니다." 부담스러우실 정도로 과잉 오버를 하셔야 고객님께서 오히려 미안함을 느끼실까 말까 합니다.

〈 컴플레인 처리 전문 양식 〉

1. 문제 접수

*고객 정보: 이름, 연락처, 시술 날짜

*문제 발생 내용: 증상, 시술 후 경과

2. 문제 조사

*시술 내용: 사용된 색소, 시술 방법

*고객 건강 상태: 약물 복용, 알레르기 등

*시술 후 관리: 고객의 시술 후 관리 및 주의사항 준수 여부

3. 해결 방안 제시

*제안된 해결 방안: 추가 상담, 시술, 환불 등

4. 보상 계획

*보상 내용: 재시술, 환불, 무료 서비스 등

5. 후속 조치

*고객 상태 확인: 추가적인 문제 발생 여부 확인

*후속 지원: 필요한 추가 지원 제공

6. 기록 및 보고

*문제 발생 및 해결 과정 기록

*고객과의 소통 내용 기록

예시 응답 메시지

안녕하세요, 고객님. 우선, **반영구화장 시술 후 불편을 겪으신 점 진심으로 사과드립니다. 고객님께서 말씀하신 ** 증상에 대해 깊이 이해하고 있으며, 이에 대해 적절한 해결책을 마련하고자 합니다. 현재 상황을 보다 정확히 파악하기 위해 시술 내용을 검토하고 있으며, 필요한 추가 조치를 취할 예정입니다.

고객님께서 불편을 겪으신 점을 고려하여, 재시술 또는 환불 등의 보상을 제공해드릴 수 있습니다. 문제 해결 후에도 고객님의 상태를 주기적으로 확인하며, 추가적인 지원이 필요하시면 언제든지 말씀해주시기 바랍니다.

다시 한 번 불편을 드린 점 사과드리며, 고객님께서 만족하실 수 있도록 최선을 다하겠습니다. 감사합니다.

이와 같은 프로세스와 절차를 통해 고객의 문제를 체계적으로 해결하고, 고객 만족도와 신뢰를 유지하는 데 도움이 됩니다.

Q.암 환자분이 치료를 완료한 후 아이라인 시술을 받으셨는데, 시술 후 아이라인이 모두 빠져서 다시 오셨습니다. 피부가 얇고 실핏줄이 분포된 상태에서 니들만 닿아도 피가 송글송글 나는데, 그 이유가 무엇인지 궁금해요!

암 환자분의 경우, 치료 후 피부가 얇아지고 민감해지는 현상이 발생할 수 있습니다. 이는 항암 치료로 인해 피부의 탄력성과 두께가 감소하고, 혈관이 더 노출되는 결과를 초래합니다. 이 상태에서 아이라인 시술을 받으면, 피부가 자극을 받아 작은 혈관이 손상될 수 있으며, 이로 인해 피가 송글 송글 나오는 현상이 나타날 수 있습니다.

또한, 시술 중 피부가 자극받으면 면역 반응으로 히스타민이 방출됩니다. 히스타민은 혈관을 확장시키고 염증 반응을 유발하여 피부가 붉어지거나 부풀어 오르는 원인이 됩니다. 민감해진 피부에서는 이러한 히스타민 반응이 더욱 두드러지며, 이로 인해 아이라인이 제대로 고정되지 않거나 빠질 수 있는 가능성이 높아집니다.

결론적으로, 피부의 얇아짐과 민감함, 그리고 히스타민 반응이 결합되어 아이라인 시술 후 문제를 일으킬 수 있으므로, 시술 전후에 적절한 관리와 주의가 필요합니다.

Q.반영구화장 시술과 아나필락시스, 히스타민 반응은 어떤 관계가 있나요? 아나필락시스와 히스타민 반응의 차이점도 알고 싶습니다.

반영구화장과 아나필락시스, 히스타민 반응은 서로 관련이 있지만 차이가 있습니다. 반영구화장 시술 중 사용되는 물질에 알레르기 반응이 나타나면 히스타민이 방출되어 가벼운 증상이 발생할 수 있으며, 이는 일반적으로 경미한 반응입니다. 반면, 아나필락시스는 심각한 알레르기 반응으로, 호흡곤란이나 저혈압 등의 생명을 위협하는 증상이 나타나므로 즉각적인 응급 처치가 필요합니다. 따라서, 반영구화장 시술 전 알레르기 이력을 확인하는 것이 중요합니다.

Q.히스타민이 무엇인가요?

히스타민은 외부 자극에 대한 신체의 방어 메커니즘!

즉, 히스타민은 외부 저항 물질에 대한 면역 시스템의 반응으로서 체내에서 자연적으로 생성되는 화학 물질입니다. 주로 면역 반응과 알레르기 반응에 관여하며, 알레르겐과 같은 외부 자극에 반응하여 방출됩니다. 히스타민은 혈관을 확장시키고 혈류를 증가시켜 염증 반응을 촉진합니다. 이로 인해 부풀어 오름과 붉어짐 등의 증상이 발생할 수 있습니다. 비염 증상으로 코막힘, 재채기, 눈물, 콧물이 흐르는 증상이 있습니다.

Q.붉은 잔흔 눈썹은 어떻게 커버해야 좋을까요? 리터치때 보니 다시 더 붉게 올라 왔어요.

붉은 잔흔 눈썹을 커버하는 방법에는 여러 단계가 있으며, 이는 잔흔의 진하기 정도에 따라 달라질 수 있습니다.

다음과 같이 잔흔의 진하기를 세 단계로 나누어 설명드리겠습니다.

*1단계 (가장 붉은 상태)

*2단계 (중간 붉은 상태)

*3단계 (투명 붉은 상태)

1. 고객과 상담 시 몇 번의 리터치가 필요한지 구체적으로 설명과 계획이 필요합니다.
2. 주입 깊이가 깊은 붉은 눈썹의 경우 색소 분자가 재생 과정을 거치면서 표피 과립층 상부로 올라오게 되면 일시적으로 더 짙게 보일 수 있습니다.
   표피로 올라온 색소 분자들이 가시적으로 더 많이 보여져 일시적으로 짙어 보일 수 있습니다.
3. 재생 과정 중, 염증 반응으로인해 일시적으로 더 붉어 보일 수 있습니다.
4. 반복적인 니들링 작업을 통해 색소는 각화되어 결국 사라지게 됩니다.
5. 진한 붉은 색일수록 반복적인 작업으로 시간이 오래 걸릴 수 있기 때문에, 보다 효과적인 처치를 위해 다음과 같은 방법을 고려할 수 있습니다.

*532 nm 레이저 사용: 532 nm 레이저는 붉은 색소를 효과적으로 제거하는데 유용합니다.

*컬러몬스터의 리무버 적용: 화학적 원리기반을 적용한 효소 리무버를 사용하여 색소를 더 빠르고 효과적으로 제거할 수 있습니다.

이러한 방법을 통해 붉은 잔흔 눈썹을 효과적으로 커버하고 제거할 수 있습니다.

Q.532nm 렌즈로 빨간색과 노란색 눈썹을 제거 했더니 어둡게 변했어요 어떡하죠?

532nm 렌즈로 빨간색과 노란색 눈썹을 제거한 후 색소가 어둡게 변하는 것은 흔히 발생할 수 있는 현상입니다. 색소가 어두워진 경우, 다른 파장 1064nm 또는 토닝 레이저를 추가로 시행합니다. 빨간색과 노란색 색소는 일반적으로 유기 색소나 금속염 기반 색소로 만들어집니다.

빨간색 색소: 일반적으로 유기적 색소(예: 카민, 적색 7호 등) 또는 금속산화물(예: 철 산화물)로 만들어집니다. 이러한 색소는 고온이나 화학적 반응에 민감해 변색될 수 있습니다.

노란색 색소: 주로 유기 색소(예: 크롬 옐로우, 황색 4호 등)로 이루어져 있으며, 이 역시 레이저에 의해 변형될 수 있습니다.

빨간색과 노란색 색소가 혼합되어 있을 경우, 제거 과정에서 색소가 서로 반응하여 주황색이나 어두운 색으로 변화할 수 있습니다.

Q.반영구화장 색상이 레이저 시술 후 더 진해지는 이유는 무엇인가요? 이는 제대로 된 시술의 결과인지 부작용인지 궁금합니다.

색소가 분해되면서 일시적으로 색상이 진해질 수 있습니다. 이 과정에서 색소가 피부 표면으로 올라와 짙은 색상으로 보일 수 있으며, 레이저 시술로 인한 피부 염증 반응이 피부에 더 많이 노출되어 색상이 진해보일 수 있습니다. 이 경우, 시간이 지남에 따라 색상이 점차 정상화되며 문신 레이저 시술 후 나타나는 자연스러운 현상입니다. 오래된 푸른 유기 문신일수록 제거가 용이합니다. 문신의 색소가 피부의 깊은 층에 위치할수록 제거가 더 어려울 수 있습니다. 색소의 농도와 색조의 혼합이 높을수록 제거가 더 어려울 수 있습니다.

Q.반영구화장 시술을 통해 전염될 수 있는 감염의 종류에는 어떤 것들이 있나요?

반영구 화장 시술은 피부에 바늘을 사용하여 색소를 주입하는 과정입니다. 다음은 반영구화장 시술을 통해 전염될 수 있는 주요 감염병의 종류입니다.

1. 헤르페스 심플렉스 바이러스(HSV)

입술이나 생식기에 물집이 생기는 것이 특징입니다. 감염된 기구나 피부 접촉을 통해 전파될 수 있습니다.

2. 인유두종바이러스(HPV)

생식기 사마귀, 특정 암(예: 자궁경부암)과 관련이 있습니다. 감염된 기구를 통해 전파될 수 있습니다.

3. B형 간염 바이러스(HBV)

간염, 황달, 피로 등이 나타날 수 있습니다. 감염된 주사기, 바늘, 또는 다른 도구, 혈액이나 체액을 통해 전파됩니다.

4. C형 간염 바이러스(HCV)

간염, 간경변, 간암 등의 증상이 있을 수 있습니다. 주로 혈액을 통해 전염됩니다. 이 역시 감염된 주사기나 바늘 등을 통해 전염될 수 있습니다.

5. HIV (인간 면역결핍 바이러스)

인간 면역결핍 바이러스입니다. 이 바이러스는 인체의 면역체계를 공격하여 약화시키며, 치료하지 않으면 AIDS(Acquired Immunodeficiency Syndrome)로 발전할 수 있습니다

***혈액**

HIV는 감염된 혈액을 통해 전파될 수 있습니다. 예를 들어, 감염된 혈액을 사용하는 수혈, 오염된 주사기 사용 등이 전파 경로가 될 수 있습니다.

***성접촉**

감염된 사람과의 보호되지 않은 성접촉은 주요 전파 경로입니다. 정액, 질액, 항문액을 통해 바이러스가 전파될 수 있습니다.

***모자 전파**

감염된 어머니가 아기에게 임신, 출산, 모유 수유를 통해 바이러스를 전파할 수 있습니다.

6. 세균 감염

세균성 피부 감염, 예를 들어 황색포도상구균(Staphylococcus aureus) 감염으로 발적, 부종, 고름 등 감염된 기구나 비위생적인 시술 환경에서 전파될 수 있습니다.

7. 진균 감염

곰팡이 감염, 예를 들어 피부사상균 감염으로 피부에 발적, 가려움증, 벗겨짐 등의 증상이 나타날 수 있습니다. 감염된 기구나 비위생적인 시술 환경에서 전파될 수 있습니다.

Q.B형 간염은 어머니가 보유하고 있을 경우 태아에게도 전염될 가능성이 있나요?

네, B형 간염은 어머니가 보유하고 있을 경우 태아에게 전염될 가능성이 있습니다. B형 간염 바이러스(HBV)는 출산 과정에서 어머니의 혈액이나 체액을 통해 신생아에게 전염될 수 있습니다. 이를 예방하기 위해 B형 간염 예방 접종을 신생아에게 출생 직후 시행하는 것이 중요합니다. 또한, 만약 어머니가 B형 간염 보유자라면, 신생아에게 면역글로불린(HBIG)도 함께 투여하여 감염 위험을 최소화할 수 있습니다.

Q.반영구화장 시술에서 C형 간염 감염 시 간암 위험이 증가할 수 있는 이유는 무엇인가요?

C형 간염에 감염되면 간암의 발생 위험이 증가할 수 있습니다. C형 간염 바이러스(HCV)는 만성 간염을 유발할 수 있으며, 이는 간경변(간의 만성 염증으로 인해 간 조직이 경화되고 섬유화되는 질환)으로 진행될 수 있습니다. 간경변이 오래 지속되면 간암으로 발전할 위험이 높아집니다.

Q.반영구화장 시술에서 C형 간염 감염을 예방하기 위해 어떤 위생 관리와 안전 절차를 준수해야 하나요?

현재까지 C형 간염 바이러스(HCV)를 예방하기 위한 백신은 존재하지 않습니다. C형 간염 바이러스는 다양한 유전형을 가지고 있어 백신 개발이 어렵습니다. 그러나 C형 간염은 주로 혈액을 통해 전염되므로, 감염을 예방하기 위해서는 주사기나 바늘의 공동 사용을 피하고, 안전한 혈액 관리와 위생적인 의료 절차를 준수하는 것이 중요합니다.

Q.C형 간염에 걸리면 증상은 무엇인가요?

초기에는 대부분 무증상이거나 비특이적인 증상이 나타나며, 감염 초기에는 증상이 거의 없어서 감염 사실을 모르는 경우가 많습니다. 그러나 만성 감염으로 진행되면 다음과 같은 증상이 나타날 수 있습니다.

1. 피로감

지속적인 피로와 무기력.

2. 황달

피부나 눈이 노랗게 변함.

3. 복통

특히 우상복부의 통증.

4. 식욕 부진

음식에 대한 관심이 감소하고 체중이 줄어듦.

5. 어두운 소변

소변 색이 진해짐.

6. 회색변

대변 색이 회색으로 변함.

7. 관절통 및 근육통

관절이나 근육에 통증이 있을 수 있음.

8. 오심과 구토

메스꺼움과 구토 증상.

만성 C형 간염 환자는 정기적인 검진과 모니터링을 통해 간 상태를 주기적으로 확인하는 것이 중요합니다. 이를 통해 간경변이나 간암의 조기 발견과 치료가 가능하며, 간암으로의 진행을 예방할 수 있습니다.

Q.반영구화장 시술시 감염 예방을 위해 위생 관리와 교육이 중요한 이유는 무엇인가요?

반영구 화장은 침습적인 시술로, 색소를 피부에 주입하기 때문에 감염 위험이 존재합니다. 특히, 이러한 감염을 예방하기 위한 사전 준비와 교육이 매우 중요합니다.

특히, C형 간염의 경우 백신이 존재하지 않으며, 만성 감염으로 발전할 경우 간경변과 간암을 유발할 수 있습니다. 따라서, C형 간염 바이러스(HCV)에 대한 예방이 매우 중요합니다.

시술 과정에서 위생이 철저히 지켜지지 않을 경우, 감염된 바늘을 사용하여 바이러스가 전파될 수 있으며, 시술자가 바늘에 찔리면 시술자도 보균자가 될 수 있습니다.

따라서, 반영구 화장을 시행하는 모든 과정에서 위생 관리와 안전 절차는 반드시 준수되어야 합니다. 이는 고객과 시술자 모두의 건강을 보호하는 데 필수적입니다. 시술 도구의 멸균 상태 확인, 일회용 도구 사용, 시술 공간의 청결 유지, 시술자의 손 씻기와 장갑 착용 등 기본적인 위생 절차가 반드시 지켜져야 합니다.

이러한 이유로, 시술자와 관련 종사자들은 감염 예방 및 위생 관리에 대한 철저한 교육을 받아야 합니다. 이를 통해 감염 위험을 최소화하고, 안전한 시술 환경을 조성하는 것이 중요합니다. 고객 역시 시술 전 위생 관리 상태와 절차를 확인하는 것이 필요합니다.

위생적으로 안전한 시술 환경을 유지하고, 감염 예방을 위한 교육을 철저히 함으로써, 반영구 화장 시술의 안전성을 높일 수 있습니다. 이는 시술자와 고객 모두의 건강을 보호하는 데 중요한 역할을 합니다.

Q.타투나 반영구화장 시술 중 바늘에 손가락이 찔렸다면 어떤 조치를 취해야 하나요?

이소프로필 알코올 (Isopropyl Alcohol, IPA) 또는 에탄올 (Ethanol) 70% 농도의 소독제를 사용하여 상처 부위를 아래로 향하게 하고 약간의 압력을 가하여 피를 흘러 나오게 하여 출혈을 유도합니다. 또는 즉시 상처 부위를 깨끗한 물과 비누로 5분 이상 철저히 씻어줍니다.

병원에서 필요한 혈액 검사를 받아 감염 여부를 확인합니다. 주요 감염 질환으로는 HIV, B형 간염, C형 간염 등이 있습니다.

Q.반영구화장 또는 두피 타투 시술전 주의 사항이 필요한 사람은 어떤분들 일까요?

1. 알레르기 체질

타투 잉크 성분에 알레르기 반응이 있는 경우.

2. 혈액 질환

혈우병, 백혈병 등 혈액 응고 장애가 있는 경우.

3. 감염 질환

활동성 감염, HIV, B형 및 C형 간염이 있는 경우.

4. 면역 억제 상태

면역 억제제 복용 중이거나 자가면역 질환이 있는 경우.

5. 피부 질환

건선, 습진, 흑색종 또는 피부암이 있는 경우.

6. 임신 및 수유 중

임신 중이거나 수유 중인 경우.

7. 심각한 심장 질환

심장 질환이 있는 경우.

8. 정신 건강 문제

심각한 불안, 우울증, OCD(강박장애) 등.

9. 약물 복용

혈액 희석제를 복용 중인 경우.

10. 당뇨병

당뇨병 환자는 상처 치유가 느리기 때문에 위험할 수 있음.

11. 어린 연령

법적 미성년자는 보호자 동의가 필요.

시술 전 건강 상태를 철저히 확인하고 필요 시 의사와 상담해야 합니다.

Q.개인 기술지도 교습소 등록

반영구화장 기술을 가르치고자 할 경우, 개인 기술지도 교습소로 등록하여 합법적으로 운영할 수 있습니다.

사업자 등록 신청

교습소는 교육부 산하 각 지역의 교육지원청에 등록 가능합니다.

필요 서류

사업자 등록 신청서, 신분증, 임대차 계약서 (사업장 임대 시) 등을 준비해야 합니다.

현장 점검 및 승인

교육지원청의 현장 점검을 받은 후, 교습소 등록이 승인됩니다.

Q.미용 학원 등록

반영구화장 시술과 교육을 병행하려는 경우, 미용 학원으로 등록하는 방법도 있습니다.

교육청 방문

학원을 개설할 지역의 교육청을 방문하여 상담을 받습니다.

신청서 제출

학원 설립 신청서를 작성하고, 필요한 서류를 준비하여 제출합니다.

신청서, 사업자 등록증, 임대차 계약서, 학원 시설 도면, 학원 운영 계획서, 강사 자격증, 건강진단서 등

현장 점검 및 승인

교육청의 현장 점검을 받은 후, 학원 등록이 승인됩니다.

Q.사업자 등록

사업자 등록 신청

모든 반영구화장 시술자는 국세청에 사업자 등록이 가능합니다. 이는 온라인으로 신청하거나 세무서를 방문하여 쉽게 진행할 수 있습니다.

필요 서류

사업자 등록 신청서, 신분증, 임대차 계약서 (사업장 임대 시) 등을 준비해야 합니다.

사업의 종류에 "미용 서비스" 또는 "교육 서비스" “세미퍼머넌트 기술지도” “반영구화장 교육 서비스” 로 기재합니다.

이 절차를 통해 합법적으로 반영구화장 아카데미를 운영하고, 사업을 시작할 수 있습니다. 각 단계에서 필요한 서류와 절차를 정확히 따르는 것이 중요합니다. 구체적인 요구 사항은 지역마다 다를 수 있으므로, 해당 지역의 교육청이나 교육지원청에 문의하여 상세한 정보를 확인하는 것이 좋습니다.

추가 주의 사항

위생 및 안전 기준 준수

반영구화장 시술은 위생과 안전이 중요한 만큼, 관련 법규와 기준을 철저히 준수해야 합니다.

강사 자격

시술 교육을 제공하는 강사는 관련 자격증과 경력을 갖추고 있어야 합니다.

시설 요건

교습소나 학원의 시설이 법적 요건을 충족해야 하며, 특히 위생 및 안전 관련 시설이 잘 갖추어져 있어야 합니다.

나가는 말

아름다움을 창조하는 반영구 화장은 단순한 외적 변화를 넘어서, 내면의 자신감과 진정한 아름다움을 끌어내는 예술입니다. 이 예술은 시간이 흐르면서도 변치 않는 아름다움을 선사하며, 세월에 맞춰 새로운 스타일을 제안하는 혁신적인 기술로 자리잡았습니다. 반영구 화장은 눈썹, 아이라인, 입술, 두피 반영구 등 다양한 시술을 통해 지속적인 만족감을 제공하며, 메디컬 아트로서의 가능성을 확장하고 있습니다. 피부 고민 해결에서부터 깊은 콤플렉스의 재건까지, 이 기술은 이제 단순한 시술을 넘어 삶을 변화시키는 힘을 지니고 있습니다.

오늘날 K-Pop의 세계적인 인기로 방탄소년단과 블랙핑크와 같은 아티스트들이 국제적으로 명성을 얻고 있습니다. K-Drama, K-Movie, K-Food 등 다양한 분야에서 한류 열풍이 일며, K-Beauty도 함께 세계적인 인기를 끌고 있습니다. 이처럼 글로벌 한류의 흐름 속에서 반영구 화장은 그 중요성과 위상을 더욱 확고히 하고 있으며, 저는 이 기술을 통해 새로운 지평을 열어가고 있습니다.

저는 지난 24년간 이 길을 걸어오며, 끊임없는 도전과 노력 속에서 진정한 아름다움을 추구해왔습니다. 한국의 현실이 때로 도전적이었지만, 그 어려움을 극복하며 많은 이들에게 자신감을 주고 그들의 삶을 더 아름답게 만드는 데 기여해 왔습니다.

특히 유방암 환우들에게 재능기부를 통해 그들의 아름다움을 되찾아주는 일은 저에게 깊은 의미를 지니고 있습니다. 이 과정에서 저는 단순한 시술자가 아니라, 그들의 용기와 투쟁에 함께하며 진정한 소명의식을 느꼈습니다. 그들의 삶에 긍정적인 변화를 가져오는 일은 제게 큰 기쁨이었습니다.

또한, 저는 한국 최초로 라스베가스 PMU 컨퍼런스에서 태극기를 휘날리며 우리의 한복을 입고 강연을 하였고, 일본의 의료인 300명 앞에서 한국인 최초로 반영구 화장 기술을 전수하는 영광을 안았습니다. 미국, 프랑스, 중국 등지에서의 경험은 저에게 글로벌 트렌드와 최신 기술을 배우는 기회를 제공하였고, 이를 통해 더욱 깊이 있는 전문성을 갖추게 되었습니다. 제 지식과 경험을 바탕으로 현장에서 직접 교육하고 기술을 전수하는 것은 저의 중요한 사명입니다.

이 책을 통해 여러분이 반영구 화장의 깊이를 이해하고, 이 길을 걸어가기를 진심으로 바랍니다. 전문 지식과 윤리 의식을 갖추는 것은 이 길에서 성공하기 위한 필수 요소입니다. 여러분이 경험할 도전과 성취는 여러분을 더욱 강하게 만들 것입니다.

여러분의 여정이 더욱 빛나고 성공적이기를 진심으로 기원합니다. 앞으로의 길에 따스한 햇살이 가득하고, 행운이 여러분의 발걸음을 함께하길 바랍니다.

I AM 그랜드 마스터 구라희

에필로그

꿈을 품고 시작한 길 위에서, 그 길이 아무리 험난하고 어려워도 당신은 그 길을 걸어가야 합니다. 괴테의 말처럼, 새로운 일을 시작하는 용기 속에는 당신의 무한한 가능성과 기적이 숨어 있습니다.

반영구 화장 분야는 그동안 많은 도전과 어려움을 동반해 왔습니다. 한국에서의 법적 제약과 불확실성 속에서도, 저는 24년 동안 이 길을 걸어왔습니다. 많은 시행착오와 고난 속에서도 포기하지 않고 달려온 시간은 결코 짧지 않았습니다. 이 과정에서 느꼈던 고통과 좌절, 그리고 그 모든 것을 견디며 얻은 깨달음은 저에게 큰 의미를 지닙니다.

제가 이 책을 엮은 이유는 단순히 제 경험을 나누기 위함이 아닙니다. 이 길을 걸어가는 당신, 그리고 그 길을 처음 마주한 많은 이들에게 제 경험과 지혜가 도움이 되기를 진심으로 바랍니다. '반영구 화장'이라는 길을 개척하며 걸어온 이 시간들은, 같은 꿈을 품고 있는 당신에게도 큰 힘이 될 것이라고 믿습니다.

이 길이 결코 쉬운 길이 아니지만, 당신의 열정과 노력이 반드시 빛을 발할 것입니다. 모든 시련을 견뎌낸 당신의 앞에는 아름다운 미래가 기다리고 있을 것입니다. 이 책이 그 여정의 작은 등불이 되기를 바라며, 당신의 성공을 진심으로 기원합니다.

지금 이 순간, 당신이 이 길을 걷고 있다는 것 자체가 이미 큰 성과입니다. 당신의 노력과 헌신에 감사하며, 앞으로도 끊임없이 도전하고 성장해 나가기를 바랍니다.

“잘하고 있습니다. 당신의 여정은 계속될 것이며, 그 끝에는 더 큰 성취가 기다리고 있을 것입니다. 힘내세요.”

부록

(자사 제품추천 - 예시: 잡지 디자인)

▶ 코코 반영구 색소

▶ 코코 클렌징 워터

▶ 코코 핑크머신

미주

1) Isaac Newton(1642.12.25.-1727.3.20.) : 영국의 물리학자·천문학자·수학자·근대이론과학의 선구자. 수학에서는 미적분법을 창시하고, 물리학에서는 뉴턴역학의 체계를 확립했다.
2) 일반적으로 '따뜻함'을 연상하게 만들어 편안함, 포근함, 유쾌함, 만족감을 느끼게 하는 색채. 색상환 중 빨강, 주황, 노랑이 따뜻한 느낌을 주는 장파장의 색.
3) 청과 청록색 계통으로, 차가운 느낌과 서늘한 느낌을 주는 색. 색상환에서 초록, 파랑, 보라 근처에 위치하는 색.
4) 색채의 밝고 어두운 정도를 나타내는 색의 속성.
5) 색채의 순수한 정도, 강약을 나타내는 색의 속성. 색상의 진하고 엷음을 나타내는 '포화도'라고도 하며, 색이 섞지 않아 맑고 깨끗한, 원색에 가까운 색채를 채도가 높다고 표현한다.
6) 안료, 인쇄 잉크, 도료 등으로 물체 표면을 칠할 때 그 바탕색을 은폐시키는 능력.
7) 물을 이용한 분해 반응.
8) 국민의 건강이나 환경에 위해성이 있다고 우려되는 생활화학 제품, 살생물 제품 등 환경부에서 고시한 제품.
9) 염기성이나 산성에 견디는 힘.
10) 자외선이나 가시광선 등에 노출되었을 때 변색과 퇴색에 대항하는 힘.
11) 각종 기후에 견디는 힘.
12) 유기물질을 만드는 탄소, 수소, 산소, 질소를 제외한 나머지 원소.
13) carbon black. 흑색의 미세한 탄소분말.
14) iron oxide. 철과 산소의 화합물.
15) 탄소(C), 수소(H), 질소(N), 산소(O).
16) 산화를 억제하는 작용을 의미하며, 세포의 노화 과정과 그에 대한 예방법을 설명할 때 많이 등장하는 개념이다.
17) 'Potential of Hydrogen'의 약자, 수소 이온 농도를 말함.
18) 일정 시간 내의 대사를 뜻한다.
19) 자외선으로 인한 세포 손상을 막아주는 색소세포.
20) 표피세포의 2~8%를 차지하는 골수 기원성 세포. 피부의 면역 반응과 알레르기 반응에 관여하는 면역세포.
21) 신경 자극을 뇌로 전달하는 촉각세포.
22) 표피에 있어서 표피세포가 세포막과 섬유로 이루어지는 각질세포를 형성하는 과정.
23) 표피·모발·손발톱·뿔 따위의 주성분인 경질 단백질의 총칭.
24) keratinocyte.
25) 피부와 입의 점막 아래, 감각 신경의 끝에 있는 촉각세포로 이루어진 감각기. 독일의 해부학자 메르켈(Merkel, F. S.)이 발견.
26) 미세한 타원형으로 주로 털이 없는 부분에 위치한다. 발바닥, 손바닥, 손가락 끝, 혀, 음핵, 음경, 유두 등 예민한 성감대에 몰려 있다.
27) 외부 자극(스트레스)에 대하여 신체가 빠른 방어를 위해 분비하는 유기 물질. 즉, 염증반응이 일어나게 하는 물질을 말한다.

28) 상처가 아물어가는 과정에서 볼 수 있는 유연하고 과립상인 선홍색의 조직.

29) 9~12일 정도의 수명을 가진 혈소판은 상처가 생긴 후 15초 이내에 혈관내피와 상처로 노출된 아교 섬유에 달라붙는데, 혈소판이 점점 더 많이 모여들어 덩어리를 이루고 혈관 부위를 막는다. 여기서의 혈소판 덩어리를 말한다.

30) (=혈병) 혈액을 방치하면 유동성을 상실, 응고하여 형성되는 암적색의 덩어리.

31) 호중성 백혈구. 상처로 모이는 첫 번째 염증세포로 24시간 내 최대 농도에 도달하고, 상처 부위에서의 생존 기간은 짧다.

32) 동물 체내 모든 조직에 분포하며 면역을 담당하는 세포.

33) 가지과의 다년초. 영어명 만드레이크(mandrake)라고도 하며, 지중해 연안에 분포하며, 유독하지만 약용식물로서도 유명하다.

34) 일반적으로 사용되는 실험용 솔벤트. 이전에는 마취약으로 사용되었으나 발암성이 의심되어 사용이 금지되었다.

35) 납의 탄산염 광물.

36) 피부의 보습과 보호를 담당한다.

37) 신경과 혈관, 피지선, 모낭, 한선이 위치한다.

38) 죽은 세포가 각질화되는 현상.

39) [allergen] 알레르기 반응을 일으키는 물질.

40) 1. 초발성 및 재발성 생식기 포진을 포함한 피부 및 점막조직의 단순포진 바이러스 감염증(헤르페스)의 치료 및 예방에 도움이 되는 약.

41) 증식력이 강한 어린 결합조직으로, 상처를 아물게 하기 위해 깊은 층에서 발달하여 나온다.

42) [melanocyte] 멜라닌 색소를 피부에 분산시키는 물질

43) 수술 전에 손을 물로 깨끗이 씻어 수술 중에 감염이나 오염이 되는 것을 방지하는 일.

44) 선천적으로 타고나는 유전병 중 하나로서 혈액응고인자가 없어서 발생하는 질환. 상처가 나도 혈액응고인자가 없어 피가 멈추는 데 정상인보다 시간이 오래 걸린다.

45) 발작을 초래할 수 있는 신체적 이상이 없음에도 불구하고, 반복적으로(24시간 이상의 간격을 두고 2회 이상) 발생하여 만성화된 질환군을 말한다. 시술 중 발작이 일어날 경우 문제가 생길 수 있다.

46) [rheumatism] 장기간에 걸쳐 진행된 자가면역질환이 관절에 나타난 질병으로, 열, 부종, 발적, 통증, 강직 등을 특징으로 한다.

47) 끝이 뾰족한 의료용 도구.

48) 인스타그램 라이브 계정 @krcoco1004

49) 산화를 억제하는 작용을 의미하며, 세포의 노화 과정과 그에 대한 예방법을 설명할 때 많이 등장하는 개념이다.

50) 산화를 억제하는 작용을 의미하며, 세포의 노화 과정과 그에 대한 예방법을 설명할 때 많이 등장하는 개념이다.

저자 소개

구라희

반영구 메이크업의 불모지에서 24년간 꾸준히 반영구 화장 기술과 교수법을 연구를 해왔다. 과거 러시아 유학 후 베트남, 중국, 러시아 등 해외에서 반영구 아티스트로 활동하다가 불현듯 한국행 비행기에 올라탔다. 현재는 부산에서 〈구라희 코코뷰티 아카데미〉를 운영 중이다.
단순히 정보 공유 차원에서 올리던 SNS 게시물들이 많은 공감을 얻고, "머리가 띵했다"는 코멘트를 읽으며 생각했다. 반영구에 대한 바른 길잡이가 되어 사이다처럼 청량한 속 시원함을 선사하고 싶다고. 나의 이야기들이 또 다른 누군가의 이야기가 되리라는 믿음이 있다. 이제 독자들에게 "내 안에 떠돌던 의문들이 명쾌하게 정리되었다"라는 말을 듣고 싶다.

SEMI PERMA-NENT MAKE UP

구라희의 반영구 화장 백서

초 판 인 쇄 | 2024년 11월 10일
초 판 발 행 | 2024년 11월 20일
초판 2쇄발행 | 2024년 11월 30일

저 자 | 구라희
발 행 인 | 조규백
발 행 처 | 도서출판 구민사 (07293) 서울특별시 영등포구 문래북로 116, 604호(문래동3가, 트리플렉스)

전 화 | (02) 701-7421
팩 스 | (02) 3273-9642
홈 페 이 지 | www.kuhminsa.co.kr

신 고 번 호 | 제2012-000055호(1980년 2월 4일)
I S B N | 979-11-6875-444-7(93590)

정 가 | 29,000원